for engineers
Writing Techniques re-intro

芦屋広太

新版

エンジニアのための 文章術 再入門講座

状況別にすぐ効く!
文書・文章作成の実践テクニック

本書内容に関するお問い合わせについて

このたびは翔泳社の書籍をお買い上げいただき、誠にありがとうございます。弊社では、読者の皆様からのお問い合わせに適切に対応させていただくため、以下のガイドラインへのご協力をお願い致しております。下記項目をお読みいただき、手順に従ってお問い合わせください。

●ご質問される前に

弊社Webサイトの「正誤表」をご参照ください。これまでに判明した正誤や追加情報を掲載しています。

正誤表　https://www.shoeisha.co.jp/book/errata/

●ご質問方法

弊社Webサイトの「刊行物Q&A」をご利用ください。

刊行物Q&A　https://www.shoeisha.co.jp/book/qa/

インターネットをご利用でない場合は、FAXまたは郵便にて、下記“翔泳社 愛読者サービスセンター”までお問い合わせください。
電話でのご質問は、お受けしておりません。

●回答について

回答は、ご質問いただいた手段によってご返事申し上げます。ご質問の内容によっては、回答に数日ないしはそれ以上の期間を要する場合があります。

●ご質問に際してのご注意

本書の対象を越えるもの、記述個所を特定されないもの、また読者固有の環境に起因するご質問等にはお答えできませんので、予めご了承ください。

●郵便物送付先およびFAX番号

送付先住所	〒160-0006　東京都新宿区舟町５
FAX番号	03-5362-3818
宛先	（株）翔泳社 愛読者サービスセンター

※本書に記載されたURL等は予告なく変更される場合があります。
※本書の出版にあたっては正確な記述につとめましたが、著者や出版社などのいずれも、本書の内容に対してなんらかの保証をするものではなく、内容やサンプルに基づくいかなる運用結果に関してもいっさいの責任を負いません。

まえがき

報告書、依頼・通知書、提案書、企画書など多種多様のビジネス文書をどう書けばよいか？

IT向けのビジネススキル教育を行う私のもとには、全国のITエンジニアからこういった質問が数多く寄せられます。ITエンジニア向けWebサイトで執筆中の連載記事でも、ビジネス文書をテーマにしたものはアクセス件数が多く、「文書の書き方」が大きな関心事になっていることがうかがえます。

では、どうして、多くのITエンジニアは「ビジネス文書の書き方」に強い関心を持っているのでしょうか？

それは、ITエンジニアの多くが「ビジネス文書をどう書けばよいか」がわからないからです。そして、これには2つの原因があります。

1つ目は「基礎知識を教えられていない」ということ。日本では、学校教育において「ビジネス文書の書き方」を学ぶ機会がなく、社会人になってからの上司や先輩からの指導、自己学習に頼らざるをえませんが、場当たり的な学習では書くスキルは向上しません。

2つ目は、「設計書や仕様書の書き方に慣れてそれが癖になる」ということ。ITエンジニアは、仕事を始めると最初にプログラム仕様書や仕様設計書などを書きます。これらの文書は「確実にすべてのケースも網羅する」「すべて詳細に書く」ということが求められますが、この「全網羅、詳細記述」はビジネス文書では「ダメな文書」と見なされるのです。

そこで本書では、ITエンジニアが業務で必要な文書・文章を書くために「最低限必要な知識、ノウハウ、コツ」を整理し、紹介することにしました。本書を使ってITエンジニアの皆さまがビジネス文書・文章を簡単に書けるようになれば、著者としてこれ以上の喜びはありません。

芦屋 広太

目次

第1部　基礎編

第1章

エンジニアが書く文章の問題点と文章表現力

本章では、開発における重要なコミュニケーションツールである文章の在り方や、よい文章を書くための技術について概論します。また、よい文章とは何か、わかりやすく、伝わる文章を書くにはどうすればよいのか、筆者の経験を交えながら、考察していきます。

1-1 ビジネス向け文章作成に必要な素養

昨今、人工知能（AI）やデータ分析、デジタルトランスフォーメーションでビジネスモデルを根本から変えるような事例が世界中で生まれています。ビジネス環境はこれまでにないスピードで変化し、ICT・デジタル技術はますます高度化しています。この流れを受け、システム開発は従来のウォーターフォール型からアジャイルになり、多くの専門人材による分業化で複雑化し、ITエンジニアは、開発メンバーたちとより頻繁で確実なコミュニケーションをとることが必要になりました。

この頻繁で確実なコミュニケーションの必要性が、これまで以上に、ITエンジニアに「伝える力」が欠かせないと強く言われるようになった理由です。

そして、コミュニケーションに使われる具体的なツールは、従来の紙媒体から、メール、チャット、トークアプリを使った「電子媒体」にとって代わりました。しかしどのような媒体であれ、その本質は他人に何かを伝えるために書く「文章」です。

そこで本書は、ビジネススキルの中でも特に重要で、かつ習得ニーズが高い「文章作成」をテーマとしています。難しいと言われる「開発側の上位職」や「顧客（利用者）」向けの「文章」について具体的な技術を紹介していきます。

さて、本題に入る前に、私のことについて少し書かせてください。

私は、ビジネススキルを指導するIT教育コンサルタント／コーチとして活動しています。

指導するテーマは、「マネジメント」「コミュニケーション」「思考」「ドキュメンテーション」「チームビルディング」などです。

これらのテーマに必要な技術を研究し、雑誌や書籍に発表しています。そして同時に、企業のシステム部門の部長として、日々、チームメンバーとともに、システム企画、デジタルビジネスの立案、プロジェクトマネジメントといった業務も遂行しています。

つまり、「ビジネススキルを研究／教える立場」と、「それを実務で実践する立場」の2つの立場を持っています。20年以上仕事をしていますが、両方の立場を知っていると各々の立場で仕事をする際に役立つことが多いものです。

「ビジネススキルを研究／教える立場」なら、実務で実践していることはメリットがあり、反対に「実務を実践する立場」なら、ビジネススキルを研究／教えるメリットも多く、両者は相乗効果を出す関係にあります。

本書では、そんな2つの立場を経験している私が、ビジネスで書く文章にはどのような要素が必要なのか、具体的にどのようにして身につけていけばよいのかについて、具体的な事例を交えて紹介していきます。

エンジニアが書く文章の問題点とは？

私は企業のシステム部門においてチームメンバーの文章をチェックしています。また、IT教育コンサルタントとしてビジネス向けの文章の書き方を教えたり、国家試験科目の論文添削をしています。そのような立場で非常に多くの文章を見てきたことにより、「どんな文章が問題なのか」を考察し整理することができました。

「よい文章」とは「ダメではない文章」

本書で紹介する技術は、「よい文章を書く技術」です。そして、よい文章を書くコツは、「ダメな文章を書かない」ようにすることです。私はさまざまな人から「よい文章を書くコツは何ですか？」と聞かれることがありますが、いつも「ダメな文章を書かないようにすることです」と答えています。

人が「よい文章だ」と感じるのは、あくまで個人の受け止め方、感じ方に依存する部分が多く、それは極めて主観的なものです。

しかし、少なくとも、読んだ際に「ダメな文章」と思われなければ、ビジネス向けの文章としてはとりあえず十分です。

なぜなら、どんな上級者でも「上手い」と思わせるような文章を書けるようになるには相当な訓練が必要で、時間がかかるからです。そこで、本書では、「誰が見ても下手でダメ」という文章を書かないこと＝「よい文章を書ける」と定義し、その技術を紹介していきます。

そもそもダメな文章とは何か？

私は論文講師の立場で、情報処理技術者試験の論述添削を行い、これまでに2000本ほどの論文を読んできました。その中でA評価（合格レベル）が付くものは、どれくらいだと思いますか？

答えは5%（100本のうち5本）程度です。この合格レベルの基準がよい文章を考える上でとても参考になるため、添削時に何をダメと評価しているのかを紹介します。

情報処理技術者試験の論述試験は、出題される1000字程度の出題テーマの文章を読み、その主張に合わせて、自分の考えを実務体験に即して論述していく試験です。問題文をよく読めば、さほど悪い評価にはならないように配慮されています。

にもかかわらず、100人のうち、およそ95人が合格できない論述になる原因は、「読み手に理解させる配慮」がないケースがほとんどです。私はおよそ95%の論文に対して、**図1.1**のようなコメントをしています。

図1.1　読み手への配慮がない論述への指摘事項

・どういう意味ですか？　説明不足です。
・社内用語でなく一般的な言葉で書いてください。
・長所を明確に説明してください。
・理由が不明確で説得力がありません。
・1つの文章が接続詞で続きすぎていて長く、意味がわかりにくいです。
・何を言いたいのかわかりません。
・理由を明確に書いてください。
・わかりやすく説明してください。
・主張の効果が抽象的で説得力に欠けています。
・もう少し具体的に説明してください。
・何を目的としてやることなのかがわかりません。
・最初に単語の定義、言葉の意味を説明してください。
・全体的に説明不足です。
・それはなぜですか？　どういう理由ですか？
・この記述では上手く伝わりません。
・別の表現にしてください。
・この段落は意味がわかりにくく、説得力がないです。

論述試験では、合格するために、わかりやすく相手（採点者）に理解してもらうための文章を書くことが必要です。しかし、多くの人は自分視点で書いてしまい、読み手視点で書く人はとても少ないという現実があります。

実務の文章も相手への配慮がない

そのようなことは、ビジネスの現場でもよくあります。続いて、実務での例も見てみましょう。

次の2つは、私が会社でチームメンバーの文章をチェックするときによく言う言葉です。

①「部長はこんな細かいことは気にしない。」

＜相手の関心と不一致＞

システム開発プロジェクトの部長宛て進捗報告などをチェックしているときに思わず出てくる言葉です。

一般に部長レベルのマネジメントなら、「詳細仕様がどうなっているか」「テストの詳細計画がどうなっているか」という細部よりも、「予算は超過しないか」「顧客との関係は良好か」「今回の開発でチームメンバーにノウハウは蓄積される仕組みになっているか」など、より大きな視点が気になるはずです。したがって、「部長レベルで気になるポイント」を気にして文章を書く必要があります。

②「説明する相手はシステムを知らない営業部門の課長だから、アジャイルとかレグレッションテストの意味はわからないよ。」

＜「知識差」があるので伝わらない＞

他部門の担当者や管理職向けのトラブル報告や進捗報告などをチェックするときに出てくる言葉です。自分が知っている専門用語、部門方言を他部門の担当者や管理職向けの文章でも使ってしまいがちです。人は自分が知っていることは相手も知っていると思う傾向があります。

このため、人に説明すべきことを省略することが多く、これがわかりにくい文章を書いてしまう原因になります。相手がわかるような言葉で文章を書く必要があります。

論述試験のケースも、実務での2つのケースも、本質は同じです。要は相手の視点にフォーカスできていないから問題なのです。したがって、よい文章を書く方法は、書き手の視点でなく、読み手の視点で書く、つまり相手にフォーカスして書くということです。論述試験なら、試験という「目的」にフォーカスし、相手（採点者）に伝えることが必要ですし、ビジネス文書なら、文書の目的や相手の関心に配慮した内容を考えなければ、よい文章は書けません。

ビジネス向けの文章には多くの種類があります。企画書、手順書、調査レポート、提案書、議事録、プログラム仕様書などの文章は、目的を達成できるように作成すべきです。

1-2 文章の基本は、相手と目的の理解

ビジネス向けの文章を書く上で最も大事なことは「どのような目的」の文章を「誰に対して」作成するかを考えることです。文章の目的には、

- 情報収集を行う
- 説明や報告を行う
- 議論をする、決める
- 説得する、誘導する、お断りする

などがあり、目的が異なれば、必要な文章の要素も違ってきます。

したがって、文章を作成する際には、目的ごとにどのような配慮が必要かという視点を持つことが必要です。しかし、目的だけでは不十分です。同じ「説得」をするための文章であっても、「①同僚や部下」を説得するときと、「②顧客や会社の上司、上層部」を説得するときとでは、方法が異なるからです。

一般に、①よりも②の難易度が高く、難しいと言えます。そこで、相手別の説得技術を身につけることが必要になってきます。

文章の「説得」技術には何が必要か？

私は仕事では、「説得力」を意識して文章を作成しています。そして、チームメンバーには「説得力」について理解してもらうために、よくする質問があります。ここで、いくつか紹介しましょう。

Q1　言っていること（主張）の理由が「ないもの」と「あるもの」では、どちらに説得力があるか？

答え　理由があるもの。なぜ、「そうなのか」という疑問が解消され、すっきりするから。理由を書いてくれないと、「なぜ、そうなの？」と聞きたくなる。

Q2　言っていることが、「途中で変わってくる文書」と「最後まで首尾一貫している文書」では、どちらに説得力があるか？

答え　首尾一貫しているもの。首尾一貫していないと、あまり考えていないと思ってしまう。言っていることに漏れや不整合、矛盾があると、いい加減な人だと思ってしまい、信用できない。そういう人が書いた文章の内容は疑わしい。

Q3　根拠に数字の裏づけが「あるもの」と「ないもの」では、どちらに説得力があるか？

答え　数値の根拠があるもの。たとえば、

「この新商品は1日かなり売れる可能性がある。なぜなら、新しい機能が魅力的だから」

という主張よりも、

「この新商品は1日100売れる可能性がある。なぜなら店には1日あたり、1000人の来店があるが、アンケートをとった結果、今回の商品を買いたいという客が300人いたから、少なくとも100くらいは売れる可能性を持つ」

という主張のほうが説得力がある。

これらの回答、

- **理由**
- **首尾一貫**
- **（数値）根拠**

は3つとも「説得力」の要素です。

このようにチームメンバーに質問をすると、これらの要素について答えることはできます。しかし、いざ文章を作成してもらうと、この「説得力」の要素が入っていない説得力に欠ける文章になってしまうことが多いのです。聞かれればわかるけど、最初からは実践できない。これが文章作成の難しいところです。

企画提案書の説得力

企画提案書の事例をベースに、「説得力」の持たせ方について見ていきましょう。

「提案書」は、一般的に「何か新しいことを他人に説明し、了承してもらう」という性格を持つ文書のため、「説得力」が必要になります。ここでは、かつてチームメンバーに書いてもらった次の文章をベースに、どこがポイントになるのか考えます。

Before 修正前

品質保証活動チームの発足提案について

開発部　岡山

1. 内容

システムの開発維持において、テストケースを検討したり、他社事例や業界研究をして、当社システムの品質維持に生かす特別チームを発足させる。 ①

2. 活動内容

a　要件定義における品質保証に関する内容
具体的には、ユーザー部門の要件に漏れがないかを、会議を開催して、確認するなど。

b　テストに関する品質保証に関する内容
具体的には、テストケースのチェック、過去のトラブルレポートから、最適なテストケースを作成することのサポート。

3. 効果

開発チームと別の部隊を品質維持活動専任にすることで、開発チームの負担を軽減するとともに、専任チームにすることで、専門知識を習得しやすいようにする。 ②

以上

この文章の内容を抜き出すと、以下のようになります。

①<言いたいこと（主張）>

システムの開発維持において、テストケースを検討したり、他社事例や業界研究をして、当社システムの品質維持に生かす特別チームを発足させる。

②<その理由>
　開発チームと別の部隊を品質維持活動専任にすることで、開発チームの負担を軽減するとともに、専任チームにすることで、専門知識を習得しやすいようにできると思うから。

　要は、特別チームを作れば、高度なシステムにおける高度な品質維持活動ができる上に、品質の専門的なノウハウを蓄積でき、開発チームの負担もなくなるというものです。では、この提案書には「説得力」があるでしょうか？

　その答えは、「一定の人にとっては説得力があるが、説得力がないと思う人もいる」です。この企画は、総論としては問題ないように思えます。品質を高める方策として、開発チームと品質保証チームを分けるのは実際に行われていますし、開発チームと別の部隊を品質維持活動専任にすることで、

1. 開発チームの負担を軽減する
2. 専任チームにすることで、専門知識を習得しやすいようにできる

という主張も間違いではないからです。その意味で、岡山さんの企画内容に説得力を感じる人もいるでしょう。

　しかし、逆に説得力を感じない人も多くいるはずです。それは、以下のような立場の人です。

・この企画の導入に責任を持つマネージャークラスの人
・コスト効果を判断する上位職の人

　つまり、実行責任を持つ人や最適な判断責任を持つ人たちです。

このような人たちにとって、1つの案件の判断や実行責任は自分の身にふりかかる大きな関心事なので、「思いつき」程度の考えでは納得してくれません。「本当に上手くいくのか」「本当に効果があるのか」を本気で反論してきます。

文章の書き手として、本気で反論してくる人たちに「反論しにくい」書き方ができるか。それが提案書に説得力を持たせる大きなポイントになります。

反論指摘のポイント

「本当に、開発チームと品質維持チームを分けて上手くいくの？」というのが指摘ポイントになるでしょう。具体的には、次のような反論・指摘が想定されます。

<反論・指摘ポイント①>
最初は開発チームから分離して品質維持専門チームを組織するので、開発に関する知識は問題ないと思うが、次第に品質チームに「開発のノウハウ」が少なくなっていくのではないか？

<反論・指摘ポイント②>
開発チームと品質保証チームは、対立しやすいのではないか。足を引っ張りあうことで、かえって組織力は落ちるのではないか？

このように、誰に対する文章なのかを考えないと、相手の立場・視点がわからず、結果的に説得力のない、効果の低い文章を作成することになってしまいます。

したがって、先ほどの文章に、このような反論に対する対応を入れておくと、説得力のある「よい文章」になります。具体的には、次のようなかたちです。

After 修正後

品質保証活動チームの発足提案について

開発部　岡山

1. 内容

システムの開発維持において、テストケースを検討したり、他社事例や業界研究をして、当社システムの品質維持に生かす特別チームを発足させる。

2. 活動内容

a　要件定義における品質保証に関する内容

具体的には、ユーザー部門の要件に漏れがないかを、会議を開催して、確認するなど。

b　テストに関する品質保証に関する内容

具体的には、テストケースのチェック、過去のトラブルレポートから、最適なテストケースを作成することのサポート。

3. 効果

開発チームと別の部隊を品質維持活動専任にすることで、開発チームの負担を軽減するとともに、専任チームにすることで、専門知識を習得しやすいようにする。

4. 検討のポイント

検討にあたっては、以下を考慮する。

＜ポイント1＞

品質チームの「開発知識・スキル」維持

⇒開発チームとのローテーションを適切に行うことで知識、スキルを保つ。

（理由）

最初は開発チームから分離して品質維持専門チームを組織するので、開発に関する知識、スキルは問題ないと思うが、次第に、品質チームに「開発のノウハウ」が少なくなっていく課題があるため。

＜ポイント2＞
開発チームと品質チームの対立回避
⇒品質チームのリーダー層には、開発チームで管理者クラスの経験者をアサインする。開発チームへの影響力を保つことで、人間関係の悪化を避ける。
（理由）
開発チームと品質保証チームは利害が対立し、関係が悪化する可能性がある。これにより、かえって組織力が落ちるリスクがあるため。

1.～3.は変更なしですが、「4.　検討のポイント」を追加することで、批判・反論をしにくい説得力のある文章にすることができます。

このように文章に説得力を持たせるためには、文章を読んで何らかの判断や行動を起こす相手にフォーカスしなければなりません。

したがって、上司や上位職向けの文章であれば、それらの相手にフォーカスした文章を作成しなければならないのです。

上司・上位職にフォーカスする

多くの人は、課長から経営層クラスのいわゆる「上位職」向けの文章を書くことを苦手としています。その理由は、「上司・上位職」という相手にフォーカスしていないからです。

人の役職・立場の違い
↓
それによる相手の視点の違い
↓

書き手に必要な文章表現の違い

ここで理解すべきことは、「上位職の好む文書表現と、担当者が書きなれた表現は違う」ということです。

<上位職が好む要素>
①忙しいので、すぐ読めてポイントが理解できる
②完結でシンプル、枚数が少ない。ひと言でわかる、結論から入っている
③なぜこの企画が必要なのか、この企画が成功する論拠は何かという理由がわかりやすく説得力がある

上位職は、短い時間で論点がわかり、「判断する理由」が明確でわかりやすい表現を好みます。一方、担当者は「企画をどのように進めていくのか、誰がいつまでに何をするのか」という作業をできるだけ詳細に表現することを好むので、「視点がまったく違う」のです。

この理由は、両者の仕事の責任を考えれば明らかです。上位職が行うのは意思決定・判断を中心とした業務であり、自分が判断した結果には常に成功責任を持つため、成功するかの判断に関係する理由を詳細に知りたがるからです。

こういった上位職の心理を理解しておくことも、文書を上手く書くノウハウになります。

視点が違う「役員と担当者」

私がA社でシステム企画を担当していた頃の話です。A社にはシステム企画部があり、システム計画、たとえばハードウエアやネットワークの調達・維持、ITエンジニアの調達・育成、業務アプリケー

ションの開発・保守計画などを行っています。

あるとき、Bくんが私の後輩としてシステム企画を担当することになりました。彼は担当者としてシステム開発の経験は多かったのですが、企画の仕事では成果を出すことができていませんでした。説明したり説得したりするスキル、文章スキルが弱かったからです。Bくんは企画会議などで、上司や同僚に質問されると見当違いの回答をしたり、黙ったりしてしまうことが多くあったのです。

あるとき、専務向けにBくんが案件の説明をすることになりましたが、その場でも彼は上手く説明できませんでした。落ち込んだBくんに私はこうアドバイスしました。

・専務のような経営層は、たくさんの人に説明を受けるから、1つの案件にあまり時間を割けない。だから、説明の途中でも、すぐ知りたいことを質問することがある。
・何が問題で、何をすればよいのか、どれくらいでできるのか、コストはいくらかかるのか、効果はどれくらいなのか。これらをできるだけ計数的に回答できればいい。それができるように準備してみたらどうだろうか。

これ以降、Bくんは、説明や報告時には事前に想定質問を紙に書いて準備するようになりました。しかし、彼の説明力・説得力が向上していくにつれ、紙で書き出す準備も必要なくなっていきました。紙に書き出さなくても、頭の中で準備できるようになったからです。同時に、伝える目的と相手を意識することで文章スキルも向上していきました。

このように、ITエンジニアには「伝える力」が欠かせません。会話や文書のやりとりなど上司や他者とのコミュニケーションでは、「(伝える) 目的と相手にフォーカスする」ことが重要です。相手に上手く伝えるには、以下のポイントで常に考える必要があります。

- **自分の視点からの説明ではなく、必ず相手の立場に立った説明をする**
- **相手の関心のある視点にフォーカスする。関心のない視点を説明する際には工夫する**

そしてさらに「わかりやすい、伝わる」文章を作成するには、文章表現力の基礎技術も押さえておく必要があります。次節では、この基礎技術について解説します。

1-3 文章表現力の基礎技術とは？

ではさっそく、文章表現力の基礎技術とはどのようなものか見ていきましょう。

わかりやすい、伝わる文章にする7つの力

次の7つが「わかりやすい、伝わる」文章を作成するために必要な文章表現力の基礎技術です。これらは、私が文章を書く際にいつも気を付けていることであり、他者が書いた文章をチェックする際のポイントでもあります。

7つの力——文章表現力の基礎技術

①確実に伝える

②納得させる

③一目でわかる

④理解しやすくする

⑤正確に伝える

⑥短い文章で伝える

⑦心に訴える

7つの力　①確実に伝える

よい文章は「何を言っているのか、なぜそうなのか、具体的にはどういうことか」「詳細に言うとどうなのか」が明確になっています。このような文章構造で最も重要なのは、「言いたいことを絞る」ことです。関係しそうなことを思いつきで書いていく文章はわかりにくく、説得力も低くなります。

次章2-1節では、「言いたいことは何か」を明確にしてから論点を設定し、論点に沿った文章を書くことを学びます。

7つの力　②納得させる

よい文章は「主張」が明確で、その主張に納得できる根拠（理由）が明記されているものです。また、根拠は明確でなくてはならず、事実に基づいたものが強い納得感をもたらします。言いっぱなしで、根拠がともなわない主張しかない文章は説得力が低くなります。

次章2-2節ではまず、「主張と根拠の関係とは何か」を明確にしてから、主張と根拠がしっかりした文章を書くことを学びます。

7つの力　③一目でわかる

よい文章が持つ構造上の美しさ、わかりやすさを実現するのが、文章の構造化です。文章の構造化とは、同じグループの物事をまとめてタイトリングして書いたり、同じ階層（レイヤー）の物事のレベルを合わせて書いたりすることです。

次章2-3節では、「構造化とは何か」を明確にしてから、文章を構造化して、バランスのとれたわかりやすい文章を書くことを学びます。

7つの力　④理解しやすくする

よい文章は、「何を言っているのか」を相手に確実に理解してもらうことができなければなりません。このような文章に必要なのは、「できるだけ平易に表現する」ことです。専門用語、難しい用語、自分やチームにしかわからない用語で文章を書いても、相手に理解してもらえなければ、文章はわかりにくくなり、説得力も低くなります。

次章2-4節では、「平易に表現する」ための要素を明確にしてから、それらの表現を使った文章を書くことを学びます。

7つの力　⑤正確に伝える

わかりやすい文章を書くためには、むやみに省略をしないことです。省略とは、本来記載すべき内容を「書かない」ことです。書き手と読み手両方が既知の内容だけ省略すべきですが、通常、読み手と書き手の情報量・知識量は異なっているため、むやみに省略してしまうと読み手が理解できない文章になってしまいます。

次章2-5節では、「省略せず、正しく表現する」ことを学びます。

7つの力　⑥短い文章で伝える

よい文章は、短い時間で、一目で直感的に内容を理解できることが求められます。このためには、ムダな文章をそぎ落とすことはもちろん、言い換えや記号化、図表などを使うことが必要です。締まりのない長い文章は、理解しにくいだけでなく論点もぼやけてしまいます。

次章2-6節では、「短文で表現するとは何か」を明確にしてから、できるだけ短い文章で理解させることを学びます。

7つの力　⑦心に訴える

よい文章を書くためには、読み手の感情に訴えるなど、心理面のアプローチも必要です。特に「説得する」「依頼する」「断る」「アピールする」ような文章では、論理性やわかりやすさはもちろん、感情に配慮した工夫が必要になります。人は感情を持つため、文章に書かれた内容で心を動かされ、目的が達成できることも多いものです。

次章2-7節では、相手の感情に配慮した文章を学びます。

基本的に、この7つの力を理解して使うことができれば、日常業務で文章を書くのに困ることはなくなるでしょう。ただし、これらの習得には根気が必要です。

- 考える
- 書く
- チェックする
- 修正する

これら4つの手順の繰り返しで多くの文章を書くことです。私も自分のチームで、この手順を実施しています。

7つの力を利用した文章例

次章で7つの力について詳しく説明しますが、その前に7つの力を利用した文章とはどのようなものなのか簡単に見ておきましょう。

次の文章は、7つの力を利用する前（修正前）の文章です。

Before 修正前

件名：テストに関する依頼

開発部2課　奥田です。

開発は現在システムテストフェーズに入っており、テストは3900ケースを完了した状態で、バグ数は累計で54件であり、安定した水準です。 ①

ただし、今後のことを考えた場合に、もう少しテスターを増加しておく必要があると考えられ、テスター拡大を検討しています。つきましては、部内関係各課の皆さまに、テストアイテムに関する説明をしたいと思いますので、日程調整したいので、このメールに添付しています日程調整表に皆さまの都合のよい日程を記入の上、返信ください。明日中でお願いします。 ②

テスト説明を行い、皆さまにテストのやり方、方法を理解していただいた上で、テストサポートができる場合は、手伝っていただける部下メンバーを選出いただきます。そのときは、また、ご連絡いたします。

これは、ある企業A社でのシステム開発プロジェクトにおいて作成された文章です。これを7つの力の一部を使って修正すると、次のようになります。両者を比較してみてください。緑色の部分が修正箇所です。

After　修正後

件名：テスト実施要員の増員に関し、説明会参加依頼

開発部２課　奥田です。

1. 依頼事項
以下説明会の日程調整をしたいので返信願います。
⇒テスト要員増員に関する内容
⇒添付の日程調整表に記入の上返信願う。（明日中）

2. 理由
テストは安定消化※中だが、今後テスト項目増加につき、メンバーの確保が必要なため。（※3900ケースが完了。バグ数：累計で54件）

3. 今後の予定
今回説明の「テスト手順」を確認の上、各部門から協力メンバーを選出いただく。（詳細別途連絡）

Before（修正前）の文章の最初（①）に、以下の一文があります。

開発は現在システムテストフェーズに入っており、テストは3900ケースを完了した状態で、バグ数は累計で54件であり、安定した水準です。

しかし、これは現状の説明を補足的に書いているにすぎず、この文章のメインテーマ（論点）にはなっていません。ここでの論点はあくまでも以下の部分（②）です。

部内関係各課の皆さまに、テストアイテムに関する説明をしたいと思いますので、日程調整したいので、このメールに添付しています日程調整表に皆さまの都合のよい日程を記入の上、返信ください。明日中でお願いします。

ただし、この文章は長い上に、メイン主張の前に長い修飾語（テストアイテムに関する説明をしたいと思いますので、日程調整したいので）が入っており、構造の理解に時間がかかります。

そこで次のように、大事なことを先に書き、理由や補足を後から書く方式に変更します。

1. 依頼事項
以下説明会の日程調整をしたいので返信願います。
⇒テスト要員増員に関する内容
⇒添付の日程調整表に記入の上返信願う。(明日中)

上記の文章では、「1. 依頼事項」が論点のラベルの効果、「以下説明会の日程調整をしたいので返信願います。」がメインテーマ（論点の位置づけ）になっています。また、その下に矢印で結んだ、

⇒テスト要員増員に関する内容
⇒添付の日程調整表にご記入の上返信願う。(明日中)

が、会議の内容と日程調整に関する作業の詳細内容になっています。これなら、読み手は「自分はなぜ、これをすべき」なのかが確実に理解できます。

さらに、タイトルも変更しました。

テストに関する依頼

テスト実施要員の増員に関し、説明会参加依頼

タイトルは、文章の意味をひと言で表現するものが必要です。Before（修正前）はテストに関する何の依頼なのかがよくわかりませんでしたが、After（修正後）は具体的になっており、何をしてほしい文章なのかがわかります。

さらに、Before（修正前）はテスター、テストアイテムといった意味がわかりにくい専門用語が使われていたので、After（修正後）では一般的に理解しやすい言葉に書き換えています。

テスター ➡ テスト実施要員
テストアイテム ➡ テスト実施作業内容

7つの力と上記の修正内容の対応は**表1.1**の通りです。このように7つの力をきっちり押さえておけば、わかりやすく、伝わる文章を書きやすくなります。

なお、「⑦心に訴える」は、ここでは未使用です。これは一般的な報告書や通知書の類では使わず、反対している相手を説得する文章などで使う技術です。

表1.1　依頼文の修正前と修正後の違い

7つの力	修正前の問題	修正後のよい点
①確実に伝える	参考情報（テスト状況の数値）が前で、依頼事項が後ろにあるので、優先順位がわからない	メインテーマと参考情報との記載順番が正しい
②納得させる	依頼事項とその理由がわかりにくい	依頼事項とその理由が書いてある
③一目でわかる	すべての文章を読まないと全体構造がわからない	構造化されている
④理解しやすくする	テスター、テストアイテムといった意味がわかりにくい専門用語を使っている	テスト実施要員、テスト実施作業内容という一般的に理解しやすい言葉を使っている
⑤正確に伝える	なぜ、テスト実施要員増員が必要なのかがあいまい	テスト実施要員増員の理由が「テスト項目増加」であることを書いている
⑥短い文章で伝える	文字数が多い	全体の文字数が少ない
⑦心に訴える		（未使用）

次の第2章では、この7つの力それぞれについてさらに詳しく解説します。そしてさらに、第3章以降は実践編として、文章のテーマ別に具体的な文書作成テクニックを紹介します。

第1部　基礎編

第2章

文章表現力の基礎技術を活用する

2-1　7つの力①　確実に伝える
2-2　7つの力②　納得させる
2-3　7つの力③　一目でわかる
2-4　7つの力④　理解しやすくする
2-5　7つの力⑤　正確に伝える
2-6　7つの力⑥　短い文章で伝える
2-7　7つの力⑦　心に訴える

本章では、文章表現力の基礎技術である7つの力——①確実に伝える、②納得させる、③一目でわかる、④理解しやすくする、⑤正確に伝える、⑥短い文章で伝える、⑦心に訴える——について詳しく解説します。

2-1 7つの力① 確実に伝える

目的と相手にフォーカスして文章の論点を絞る

わかりやすい文章を書くための要素の1つは、「確実に伝える」ことです。そのためには、まず、目的と相手にフォーカスして論点を絞ります。論点を絞ることで、伝えたい内容を目立たせることができます。

ここを押さえよう！

「確実に伝える」には、次の4つのポイントがあります。この5つを押さえて文章を書きましょう。

「確実に伝える」4つのポイント

①伝えたいことを絞る

②伝えたいことを先頭にする

③論点と補足情報を分離する

④関係ないことを書かない

①伝えたいことを絞る

1つの文章で展開する主張は、最も伝えたい1つだけに絞ります。これによって、相手には何がしたいのか・何が問題なのかがわかりやすくなります。

②伝えたいことを先頭にする

最も大事なことを文章の最初に持ってくることです。これにより相手は時間がなくても最初に文章の意味、趣旨を理解しやすくなります。

③論点と補足情報を分離する

メインテーマと補足内容は分けて書くということで、相手にわかりやすくするために必要です。

④関係ないことを書かない

特に必要ない記載は思い切って省くということです。これも相手にわかりやすくするために必要です。

具体例

これらを具体的な文章で説明していきましょう。

Before 修正前

件名：当社ECサイトの品質課題について

システム開発課　山田です。以下の通り現状の品質課題を報告します。

・システムが複雑になっているので、変更箇所を特定するのに時間がかかり、変更作業効率が悪化しています。
・さらに、退行も多いので、回帰テストも膨大になっており、今後どうするのか気になっています。
・メンバーには、知識が足りないものもおり、また、外部委託先のモジュール世代管理が徹底されておらず、委託料（コスト）の高さにも困る場合があります。

この文章は、「①伝えたいことを絞る」「④関係ないことを書かない」の観点でわかりにくいものになっています。この文章には、

1. システムが複雑になっているので、変更箇所を特定するのに時間がかかり、変更作業効率が悪化している
2. 退行も多いので、回帰テストも膨大になっており、今後どうするのか気になっている
3. メンバーには知識が足りないものがいる
4. 外部委託先の世代管理が徹底されておらず、困る場合がある
5. 外部委託業者の委託料（コスト）の高さにも困る場合がある

という5つのことが書かれており、その優先順位や課題の大きさがよくわからなくなっています。特に5.は品質に直接関係ない不要な記載です。

After 修正後

件名：当社ECサイトの課題

システム開発課　山田です。以下の通り現状の4つの品質課題を報告します。特に早急な対応が必要なのは1.の「作業効率の悪化」です。

1. 作業効率の悪化
⇒ システムが複雑になっているので、変更箇所を特定するのに時間がかかり、変更作業効率が悪化しています。

2. 検証工数の増加傾向
⇒ 最近は退行も多く、それを検知するための回帰テスト工数が増加。作業効率化などの工数削減策の検討が必要。

3. メンバーの知識不足

⇒ 業務知識が足りないため、現実にはありえないシステム設計をするメンバーがいます。

4. 外部委託先の世代管理が徹底されていない

⇒ 一部外部委託しているプログラムがあるが、最新世代でないものを納品されることがあり、生産性を低下させています。

練習問題

練習問題に挑戦してみましょう。文章の論点を絞ってわかりやすい文章に修正してください。

Before 問題の文章

件名：設計レビューのポイント

開発部の徳山です。レビューのポイントを記載します。

・レビューは事前に準備をしておくことが成功の秘訣です。
・レビューチェックリストなど、過去に発生した不具合を分析、整理してエッセンスをまとめたチェックポイントを作るなどの工夫が、品質の高いシステム構築に欠かせません。
・レビューの運営に関しては、事前に設計資料を配り、参加者によく読み込んでもらっておくことが欠かせません。これが、レビュー当日の生産性向上を実現します。

考え方と解答例

解答例を示します。最も言いたいことを抜き出すことが重要です。

After 解答例

件名：設計レビューのポイント

開発部の徳山です。レビューのポイントを記載します。

・レビューの生産性を向上させるためには、事前準備[※1]が必要です。

※1　事前準備の具体策
①チェックリスト（過去発生した不具合を分析して作成する）を利用する。
②事前に資料配布して読み込んでもらう。

最も伝えたい点は、「レビューには事前準備が必要」という点です。他の文章は、それらの補足情報なので、脚注（※）として飛ばしたり、カッコ内に入れるなどの構造変更をし、論点を目立たせます。

2-2 7つの力② 納得させる

主張と根拠がしっかりした文章を書く

説得力のある文章にするための要素は、「納得させる」ことです。そのためには、主張と理由の関係がしっかりしている必要があります。

ここを押さえよう！

「納得させる」には、次の5つのポイントがあります。

「納得させる」5つのポイント

①最初に結論とその理由を書く

②理由は納得できるものを書く

③理由は事実に基づくものや数字など客観的なもの

④事実と意見を分ける

⑤受け身表現や稚拙表現を使わない

①最初に結論とその理由を書く

論理性の高い文章構造は、**図2.1**のようになります。

図2.1　論理性の高い文章＜基本構造＞

① 結論となる主張（概要）
② ①の理由（概略）
③ ①の詳細内容
④ ②の詳細内容

結論主張の概要⇒その理由（概要）を書き、その後必要に応じて、主張の詳細、理由の詳細というように展開していきます。

このような構造にするのは、

- **結論を最後に持ってくる構造では、結論まで理解するのに時間がかかる**
- **その上、結論までの筋道にムダな文章展開があると、結論が見えにくくなる**

からです。

たとえば、**図2.2**のような文章構造があったとします。

図2.2　結論が最後だとわかりにくい

世の中が変化

問題が発生

現状では対応できない

対策が必要

○○を実施すべき

具体的には○○とする

このような構造で文章を書くと、どうしても読み手が理解するのに時間がかかってしまいます。

論文など、この構造で書く文章もあります。しかし、ビジネス向けの文章のように、言いたいことをすばやく説得力を持って伝える必要がある場合は、結論を先に持ってくる構造を使いましょう（**図2.3**）。

このように、読み手にはまず「何がしたいのか、何が結論か」を最初に出して、以降でその理由や詳細な内容を出していったほうが「わかりやすく」なります。

図2.3　結論→詳細化→具体化の文書構造

「○○を実施すべき」
なぜなら「世の中が変化」していて、「現状では対応できない」から
⬇（詳細化）
変化の結果、「対策が必要」なぜなら「問題が発生している」から
⬇（具体化）
「具体的には○○とする」

結論が後に来る構造を「逆ピラミッド型」と呼び、結論が先に来る構造を「ピラミッド型」と呼びます（**図2.4**）。

図2.4　逆ピラミッド型とピラミッド型

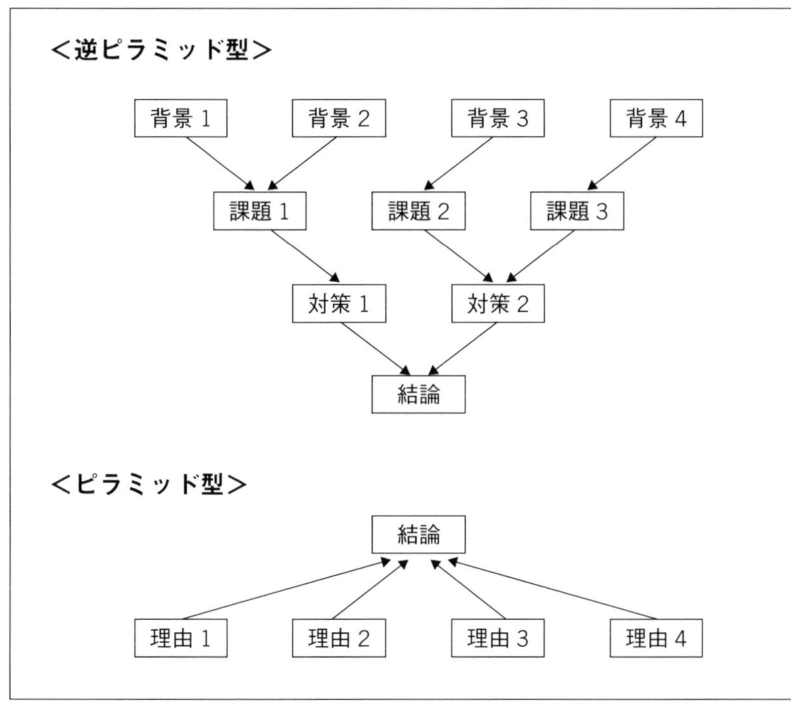

逆ピラミッド型は、結論が最後に来るので、最初から結論に至るまでの話がよくわからないことがあります。そのため「わかりにくい」と言われています。

一方のピラミッド型は、結論とそれを支える理由という具合に、関係が明確で筋道が通ります。そのため「わかりやすい」と言われています。

このピラミッド型に加えて、さらに説得力を高めるために、理由を工夫していきます。

次の文章を見てください。

> この仕事は、顧客の担当者の要望をよく聞き、進めていく必要があります。
> （なぜなら）○○だと思うからです。

　主張には必ず理由付けをします。なお、「なぜなら」という言葉は、論理学の世界では、理由の前の目印として便利ですが、会話の中で頻繁に使われる場合、日本語的に「やや不自然かつ嫌みな言い方」という雰囲気があります。そのため、使う・使わないは時と場合に応じて判断してください。

②理由は納得できるものを書く

　理由が納得感のないものだと説得力は弱まります。そのため、納得感の高いものを複数準備し、必要に応じて示せるようにしておくべきです。
　次の文章を見てください。

> 　この文書の取り扱いは、変更すべきです。誰もが簡単に参照することができる上、持ち去り防止策やコピー防止策がされていないからです。

　これは簡単な例ですが、十分説得力があります。「誰もが簡単に参照することができる上、持ち去り防止策やコピー防止策がされていないから」というのは明確であり、誰でも「まずいな」と思うので、このような理由があると読み手は納得できます。

③理由は事実に基づくものや数字など客観的なもの

理由に実際に発生した事例や出来事を使うと、説得力を高めることができます。実体験は、人が経験した事実で、それだけで迫力があります。このような事例が主張の理由となれば、反論や否定を受ける可能性が低くなります。

次の文章を見てください。

> この仕事は、顧客の担当者の要望をよく聞き、進めていく必要があります。なぜなら、先方担当者の後藤氏は社内での発言権が強く、過去、後藤氏の怒りを買ってもめたことがあるからです。

たとえば、次のような書き方の場合、①⇒②⇒③の順に説得力が弱くなります。やはり、人に聞いた話よりも、自分で体験したことのほうが説得力が高まります。

> ①～からです。
> ②～と聞いたからです。
> ③～といううわさだからです。

また、理由には数字を使うと説得力が高まります。逆に、あいまいな表現を許す形容詞を使った表現は、説得力を弱めてしまいます。

次の文章を見てください。

<……上司から、「合弁プロジェクトが遅れているらしいな」という話を受けて……>
　遅れているのは、3工程の2日分です。これは原因が判明しており、対策は完了しています。遅れは予備工数から、6日分補てんし、2日後には取り戻せる見込みです。

　このように、「3工程の2日分」「予備工数から、6日分」「2日後には取り戻せる」などのように、数字で説明すると納得しやすくなります。

④事実と意見を分ける

「事実と、意見や推定は分けて書く」と、文章の信用度を高めることができます。
　事実とは、誰にとっても客観的なことで、正しい事実は否定しようがないものです。しかし、意見や推定は、主観的な判断や意図が影響するものであり、人によって結果が異なる可能性があります。
　したがって、推定・意見には根拠が必要になりますが、その根拠が「納得できる」「本当らしい」ものであることが推定や意見を意味のあるものにします。

⑤受け身表現や稚拙表現を使わない

　説得力を高めるには、意志が弱く感じられる受け身表現は避けるべきです。なぜなら、主体的な意志が感じられず、説得力が不足するからです。このように書かれた文章が登場する代表例として、「トラブル報告書」のような「不具合」や「ミス」の報告書があります。
　たとえば、次のような使い方です。

××が原因であり、○○により該当事象が引き起こされた。

確かに、ある原因でトラブルが引き起こされたので、この表現は間違っていません。しかし、たとえば、これをベンダから提出された顧客側の担当者はどう感じるかを考えると、心象的に問題がある表現と言わざるをえません。それは、この表現が「ひとごとで、ベンダが主体的に解決しようとしている誠意が感じられない」からです。

当然、書いている側にそのような意図はないかもしれません。しかし、文章表現によっては、読み手に「書き手の誠意や主体性」に関する印象を持たせてしまいます。どうせ書くなら、「主体的に解決に動く印象を持ってもらえる」表現にしたほうがよいのです。

また、口語体の表現や稚拙な表現も説得力を弱めます。たとえば、おわびや敬語の使い方でこのケースが発生します。

具体例

Before 修正前

件名：ファイル共有化不具合の件に関するご報告

このたびは、販売管理システムファイル共有化で不具合を起こし**すみません**。

事象判明時より開発元と分析・再現を**試み**、このたび原因が判明**したので**対応を検討いただくようお願い**します**。

これは、ある会社のシステム構築を請け負っていたベンダで勤務12年目のプロジェクトマネージャーが、実際に書いてきた報告書です。確かに内容は間違ってはいませんが、文章としてはあまりよいものではありません。

After 修正後

件名：ファイル共有化不具合に関するご報告

このたびは、掲題の不具合により、貴社には大変ご迷惑をおかけしており、誠に申し訳ございません。

事象判明時より開発元と分析・再現にあたって参りましたが、このたび原因が判明いたしました。

ご報告させていただきますので、対応を検討いただくようお願い申し上げます。

稚拙な表現の文書は、確実に書き手の印象を悪くするので、注意が必要です。

練習問題

練習問題に挑戦してみましょう。次の文章をピラミッド型にして、「主張を前に置き、その理由を後に置く」構造に変更してください。

Before 問題の文章

件名：A社ECサイト要件の重要項目

開発部　青木です。

A社ECサイトの要件は、機能面では、注文機能、決済機能、顧客管理機能について顧客が使いやすいかがポイントです。

しかし、最も重要なのは、A社への導入価格です。また、性能面も重要になります。

ECサイトのWebシステムでは、レスポンスが遅いと顧客が立ち去ることになるので、売上に結びつきません。だからこそ、レスポンスの速さが大きなポイントになります。

考え方と解答例

問題の文章には、おかしなところがいくつかあります。まずは次のアンダーラインを引いた3箇所です。

- 今回のシステムの<u>要件は、機能面では、注文機能、決済機能、顧客管理機能が顧客に使いやすいかがポイント</u>である。
- しかし、<u>最も重要なのは、導入価格</u>である。<u>性能面も重要</u>になる。

ポイントは、「各機能が顧客にとって使いやすいものになっているかどうか」と述べた上で、「最も重要なのは、A社への導入価格である」と主張し、さらに「性能面も重要になる」と述べているところです。これでは結局、何が結論なのかがわかりません。

そこで、これら3つが同じように重要と見なし、「大事なのは、機能、性能、価格の3点」という結論の文章に直してみましょう。

After 解答例

件名：A社ECサイト要件の重要項目

開発部　青木です。今回の重要要件は、以下の3点です。
（なぜなら、これらを満たさなければ、導入企業であるA社に満足されないからです。）

1. 機能面
各機能*において顧客が使いやすいか。

2. 性能面
顧客が立ち去らないレスポンスを保証できるか。

3. 導入価格
導入価格がA社にとって適正か（A社の予算内で収まるか）。

＊注文入力機能、決済機能、顧客属性管理機能

カッコ内はもとの文章に書いていないので、私が補ったものです。これらの文章は省略しても意味が通じますが、このように書けば、読み手の誤解は少なくなります。ただし冗長な文章になるので、文章を書く場合は適宜判断するようにしてください。

2-3 7つの力③ 一目でわかる

文章を構造化してわかりやすくする

わかりやすく、伝わる文章は、文章構造のバランスがとれており、見た目もきれいで、一目で何がどこに書いているのかがわかるものになっています。この「一目でわかる」を実現するのが、文章の構造化です。

文章は、構造化して同じテーマの話をグループにして、番号を振って書いていくほうが見やすくなります。

ここを押さえよう！

「一目でわかる」ようにするには、次の5つのポイントがあります。

「一目でわかる」5つのポイント

①文章の性質とグループを洗い出す
②結論とその理由を先頭に書く
③概要と詳細は分ける
④小、中、大項目の階層を設定する
⑤細かすぎる内容は本体ではなく別紙に

具体例

それでは、具体例を使って説明していきましょう。

Before 修正前

件名：上流工程の強化と変更管理の強化について

山田部長　システム開発1課　吉田です。ご指示のあった品質強化の件ですが解決策を検討しましたので、報告させていただきます。

要件定義は、ユーザー側にヒアリングをすることで行っていますが、必要機能をひと通り聞き、システム担当者がペーパーにまとめて関係者を集めて、レビューをしてもらい承認をいただくことになっています。

この後の変更の際には、担当者同士で安易に要件追加、変更を引き受けてしまい、それが結果的に仕様ミスになっていることが多くあります。

仕様ミスとなっている原因は、本来、仕様変更が発生したら、その箇所だけでなく、それによって引き起こされる影響箇所も問題がないように修正する必要があります。しかし、現状ではそれが行われておらず、漏らしてしまい、結果的に大きなシステムトラブルにつながっているとの結論に達しました。

そこで、解決策としては、仕様追加・変更時も、新規要件受け入れのときと同様の作業の流れにすることとします。

①文章の性質とグループを洗い出す

文章の性質とグループを洗い出す際には、「②結論とその理由を先頭に書く」との関係に着目して文章を見直します。

文章を構造化するには、まず文章の性質に注目します。性質には、主張、理由、概要、詳細、原因、結果、目的、手段などがあります。性質同士は**図2.5**に示すように、それぞれ関係を持ちます。

図2.5　性質の関係例

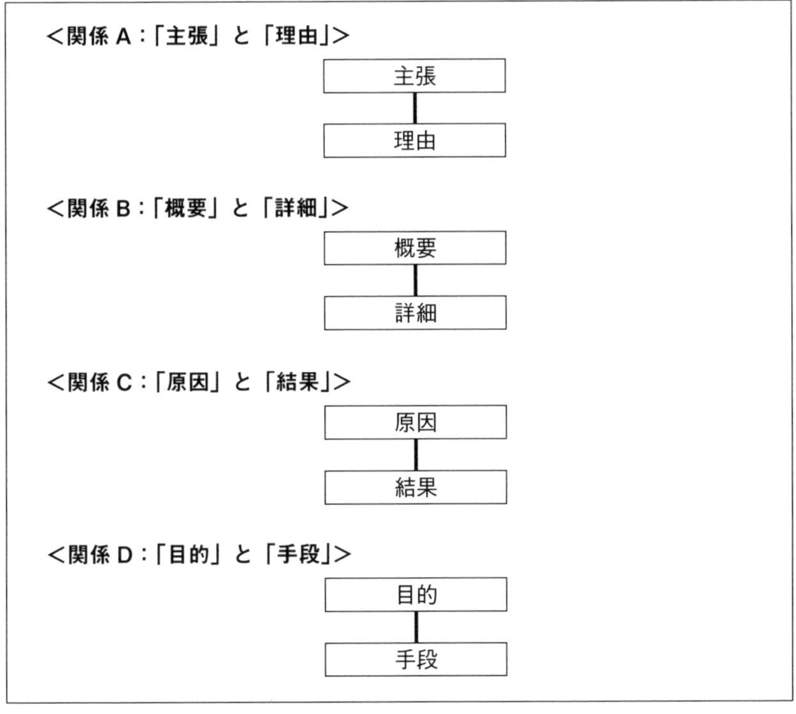

文章のグループ化とは、同じカテゴリの内容が書かれている文章をまとめることです。

グループ化と性質を洗い出すために、センテンス（文）ごとに何を言っているのかを整理します。事例の問題のグループと性質は、以下の通りです。

センテンスⅠ

・要件定義は、ユーザー側にヒアリングをすることで行っていますが、必要機能をひと通り聞き、システム担当者がペーパーにまとめて関係者を集めて、レビューをしてもらい承認をいただくことになっています。

グループ＝要件定義の流れ　性質＝手順

センテンスⅡ

・この後の変更の際には、担当者同士で安易に要件追加、変更を引き受けてしまい、それが結果的に仕様ミスになっていることが多くあります。

グループ＝仕様ミス　性質＝原因の概要

センテンスⅢ

・仕様ミスとなっている原因は、本来、仕様変更が発生したら、その箇所だけでなく、それによって引き起こされる影響箇所も問題がないように修正する必要があります。しかし、現状ではそれが行われておらず、漏らしてしまい、結果的に大きなシステムトラブルにつながっているとの結論に達しました。

グループ＝仕様ミス　性質＝原因の詳細

センテンスⅣ

・そこで、解決策としては、仕様追加・変更時も、新規要件受け入れのときと同様の作業の流れにすることとします。

グループ＝仕様ミス　性質＝解決策の概要

②結論とその理由を先頭に書く
③概要と詳細は分ける
④小、中、大項目の階層を設定する

センテンスを分類したら、②結論とその理由を先頭に書き、③概要と詳細は分け、④小、中、大項目の階層を設定します。

結論として「品質改善の方向性」を先頭に持ってきて、概要と詳細に分け、対策と理由という項目に分けて階層にします。「品質改善の方向性」が大項目、「概要」と「詳細」が中項目、「対策」「理由」が小項目の階層です。

1. 品質改善の方向性	…… 大項目
(1) 概要	…… 中項目
ア) 対策	…… 小項目
イ) 理由	…… 小項目
(2) 詳細	…… 中項目
ア) 対策	…… 小項目
イ) 理由	…… 小項目

⑤細かすぎる内容は本体ではなく別紙に

最後に、細かすぎる内容を別紙にまとめることについて検討します。要件定義の流れや変更管理の流れは細かすぎるので、別紙にします。

After 修正後

件名：上流工程の強化と変更管理の強化について

山田部長　システム開発１課　吉田です。

ご指示のあった品質強化の件ですが、以下の方針で進めようと考えております。

1. 品質改善の方向性
　(1) 概要
　　ア) 対策
　　　要件定義工程の変更管理を厳密に行います。
　　イ) 理由
　　　現状の変更管理は、担当者任せになっていて品質管理が不適正であるため。

　(2) 詳細
　　ア) 対策
　　　仕様追加・変更時も、新規要件受け入れのときと同様の作業の流れにします。
　　イ) 理由
　　　仕様変更やプログラム変更時の管理に不具合があるため、ミスが発生しています。変更時には、本来、レビューや管理職のチェックを経て、品質を確保することになっていますが変更時は急いでいることもあり、担当者のチェックで済ませています。この結果、関係する機能や他に影響するプログラムへの影響把握が漏れ、ミスにつながっています。

After 修正後［別紙］

件名：報告書別紙「要件定義の流れと変更管理の流れ」について

<要件定義の流れ>

・システム開発側の担当者が業務側担当者に要件項目（機能・非機能）をヒアリングすることで実施。
・必要機能を確認したら、開発担当者側が要件を一覧にしてまとめます。
・一覧表になった要件を使って、業務側とシステム開発側が参加した会議を設定し、レビューを実施し内容を確認し、間違いがないかを確認します。
・その作業を経て、業務側、システム開発側の責任者に承認をもらいます。

練習問題

問題の文章を「1. 概要」「2. 詳細」に分けて、同じ性質を持つ文章をグルーピングしたものに修正してください。

Before 問題の文章

件名：横浜電子・青山部長の件

山田事業部長　戸田です。以下の通り報告いたします。

昨日、横浜電子に行って進捗会議に参加したのですが、先方の青山部長が参加されていて、かなり怒っていました。それは「契約金額が高い」ということらしいのです。

こちらは4000万の見積もりで、どれくらい高いのか教えてくださいと聞いたら、話にならないほど高いと言っていました。「1000万くらいしか予算がないので、それでできないか」という話でした。

それは難しい、実現はありえないので理解してくださいと言ったら、「どうにか導入したいので考えてくれ」と言われました。

いろいろ話はしたのですが、最後には腹を立てて、君では相手にならないから、事業部長を連れてくるように要望されたので、ご連絡した次第です。

考え方と解答例

ア：「1．概要」の記載内容

概要には、伝えたいことを簡潔に記す必要があり、「Ⅰ誰に」「Ⅱ何を伝えるのか」「Ⅲなぜ、そうしなくてはならないか（理由）」「Ⅳその他の重要情報」を配置します。

Ⅰ　誰に：山田事業部長宛てに
Ⅱ　何を伝えるのか：「青山部長が来てほしいと言っている」ことを
Ⅲ　なぜ、そうしなくてはならないのか（理由）：金額が高くて予算超過のため、価格を下げる交渉をしたい
Ⅳ　その他の重要情報：青山部長が感情を害している

このうちⅠとⅡを「1．概要」の先頭に配置します。また、「Ⅲ理由」と「Ⅳその他の重要情報」については、「(1) 理由」と「(2) 先方の状況」にグルーピングして、それぞれ配置します。

イ：「2．詳細」の記載内容

詳細もグルーピングしましょう。ここでは、概要の分類に合わせて「(1) 趣旨（詳細）」「(2) 先方の状況（詳細）」のように詳細内容を記載します。

After 解答例

件名：横浜電子・青山部長の件

山田事業部長　戸田です。以下の通り報告いたします。

1. 概要

横浜電子・青山部長より、契約金額の件で山田事業部長に話をしたい旨の申し出あり。

(1) 理由

金額が先方予算超過のため、価格交渉したいとのこと。

(2) 先方の状況

当方から話をしたものの納得されず。先方は感情を害した様子で山田事業部長に直接話をしたいとのこと。対応願います。

2. 詳細

(1) 趣旨（詳細）

昨日横浜電子様との進捗会議に参加したところ、先方の青山部長が参加され、「契約金額が高い」と強く主張された（気分を害されている様子）。現時点の提示見積もりは4000万。どれくらいオーバーか確認したところ、先方より「話にならないほど高い」との回答あり。「1000万くらいしか予算がないので、それでできないか」と主張。

(2) 先方の状況（詳細）

当方より、「難しい、実現はありえないので理解してほしい」旨回答するも、先方より「どうにか導入したいので、考えてほしい」との要望。以降話をするも平行線であり、最後に先方は立腹された様子で「君では相手にならないから、事業部長を連れてくるよう」との依頼を受けた。

2-4 7つの力④ 理解しやすくする

言い換えや脚注などを使って理解しやすくする

わかりやすく、伝わる文章に必要なのは、「理解しやすくする」、つまり読み手が確実に理解できるということです。そのためには、「言い換える」ことが重要です。

ここを押さえよう！

「理解しやすくする」には、次の5つのポイントがあります。これをもとに、具体例を交えて理解しやすい文章の作成方法を説明します。

「理解しやすくする」5つのポイント

①ひと言で言い換える

②難しい言葉を言い換える

③言葉の定義をする

④脚注やカッコを使う

⑤具体例を挙げる

①ひと言で言い換える

長い文章は読んでいて理解が深まりません。そこで、ひと言で言い換えましょう。

例1

システム移行時は、各作業のタイムスケジュール、失敗時の復旧、成功時の切り替えなどの各作業を事前にどれだけしっかり考えて、関係者で共有しておくかが大きなポイントになる。

⬇（言い換え）

システム移行では、事前準備と関係者での共有がポイント。

例2

アジャイル開発型プロトタイピングの長所は、利用者が機能を操作し、カスタマージャーニーを体感することによって、顧客が使いやすいシステム操作性を明確に意識できることである。これによって、開発側も稼働後に「この操作性では使えない」と言われることが少なくなり、開発生産性に貢献する。

⬇（言い換え）

アジャイル開発型プロトタイピングの長所は、

①利用者に優しいカスタマージャーニー、個別機能の操作性を早期に確認できる点

②①によって、開発の手戻りが少ない点

の2つ。

②難しい言葉を言い換える

難しい言葉、専門用語、ある組織でしか通用しない言葉も言い換えましょう。たとえば、システム開発に関する用語は、次のように言い換えます。

例

・**要件定義**

⇒ システムに必要な要望、機能、その他を整理し、開発側に正しく伝える一連の作業

・**設計**

⇒ 要件を受けて、システムに要件を反映するために行う各種の作業。入出力画面、帳票設計やデータベース設計、機能の設計など

・**テスト**

⇒ 作成したプログラムや機能が正しく動くか、テストデータを入力しながら確かめる作業

・**レビュー**

⇒ 整理した要件や、考えたシステム設計をチェックするための一連の作業

・**RFP**

⇒ 提案依頼書。システム発注側が作成側に依頼するシステム提案の要件項目が記載されたペーパー

・**レグレッション（退行）**

⇒ システム変更時に修正意図のない場所にも悪影響を及ぼすこと

③言葉の定義をする

専門用語や独特な言葉は、定義してから使います。たとえば、以下の独自用語や中身が具体的でない用語は次のように定義してから使います。

例 1

本年度は、「システム周辺系」と「システムツール系」の２本立てで強化を行う。

⬇（定義）

本年度は、以下の２本立てで強化を行う。

①システム周辺系
⇒開発に必要な組織体制、作業手順、スキルなどの部分。
②システムツール系
⇒テストケース・データ自動生成ツールなど、システム開発のサポートツール関係。

例 2

本年度は、品質改善の諸策を対応する。

⬇（定義）

本年度は、品質改善※の諸策を対応する。
※ 品質改善は、要件定義の標準化、レビューの標準化、テストの標準化の３点を活動範囲にする。

④脚注やカッコを使う

難しい言葉や専門用語、補足が必要な言葉に形容詞や形容動詞を前修飾すると、意味がわかりにくくなります。そこで、アスタリスクや注、カッコを使って簡単に補足して記述します。

例

修正していないところが、悪影響を受けていないかを検知するためのテストである回帰テストで必要となるため、過去からのテストケースおよびそのデータを整理し、テストケースのデータベースに収録することを早急に行うべきです。

⬇（※を使う）

回帰テスト※で必要となるため、過去からのテストケースおよびそのデータを整理し、テストケースのデータベースに収録することを早急に行うべきです。
※修正していないところが、悪影響を受けていないかを検知するためのテスト。

⑤具体例を挙げる

抽象的な言葉はわかりにくいので、必要に応じて具体例を記します。

例

メンバー間の人間関係が悪く、コミュニケーションが少ないと、システムプロダクトのうち、共有が多い特性のあるプロダクトでミスが起こりやすくなります。

⬇（具体例を使う）

メンバー間の人間関係が悪く、コミュニケーションが少ないと、システムプロダクトのうち、共有が多い特性のあるプロダクト、たとえば、データベースや共通プログラムでミスが起こりやすくなります。

練習問題

それでは練習問題に取り掛かりましょう。問題の文章を平易な文章に修正してください。

Before 問題の文章

件名：販売システムの課題について

開発部　大野です。

最近の販売システムにミスが多いことに問題意識を持っています。まず、問題なのはデータ項目の可視性の悪さです。

本来、データ項目には、そのデータが何であるかを表現する正しい名称が必要ですが、販売システムのこれまでの引継ぎの過程でそのような名前になっておらずわかりにくい状況です。

このため、経験が少ない人がシステムを変更する場合に、データ項目名を見て、中身のデータを勘違いして間違ったシステム変更を行ってしまうことが起きています。これを防ぐには、データベースを作り直すことが必要ですが、データ項目を直すとプログラムも影響を受けるので、作業が膨大になってしまいますので、見直しまでの間は、注意して修正していくしかないと思っています。

考え方と解答例

この文章の最終主張は、「販売システムの保守はデータベースに注意して実施すべきである」となります。

- 最近の販売システムはミスが多い。

　　⬇（対策）

- 当面の間、データベースに注意して保守する。

　　⬇（理由〈原因〉）

- 原因はデータ項目の可視性が悪いため。根本解決策であるデータベース見直しは既存システムに影響が多いからすぐには困難。

　　⬇（最終主張）

- 見直しまでは注意して保守するしかない。

これを課題と最終主張を先頭に持っていき、理由を配置する構造に見直します。また、原因の「データ項目の課題」には、「データ項目の可視性の悪さ」という言葉の説明が必要なので、※で本文の外に出します。

After 解答例

件名：販売システムの課題について

開発部　大野です。

1. 課題と対策

販売システムにミスが頻発しているので、対策として当面の間、データベースに注意して保守する必要があります。

2. 理由（原因）

情報を管理するデータ項目の可視性が悪い※ため。データ項目を見直しするのが根本対策ですが、多くの既存プログラムに影響するため、すぐにはできないと考えます。

※ データ項目の可視性の悪さ

データ項目には、中身を表現する名称（たとえば、契約締結日付などの行為とデータの種類がわかるもの）が必要ですが、そうなっておりません。販売システムのこれまでの引継ぎの過程で、名前のルールが崩れたと思われます。

2-5 7つの力⑤ 正確に伝える

省略せず、正しく表現する

わかりやすい文章を書くためには、「正確に伝える」ことが必要です。そのためには省略しないこと、はっきり明確に書くことが大事です。

ここを押さえよう！

「正確に伝える」には、次の5つのポイントがあります。これをもとに、具体例を交えて正確に伝える文章の作成方法を説明します。

「正確に伝える」5つのポイント

①省略しない

②主語や主体を明確に書く

③無意味な情報や不確実な情報を記載しない

④あいまいな内容を書かない

⑤未決、既決、アクションプランを明確化

①省略しない

わかりやすく書くためには、むやみに省略をしないことです。省略とは、本来記載すべき内容を「書かない」ことです。通常、読み手と書き手の情報量・知識量は異なっているため、むやみに省略してしまうと読み手が理解できない文章になってしまうのです。

一般に、書き手は仕事を担当している人で、内容をよくわかっている人ですが、読み手はそうではありません。書き手が何をしているのか、今がどういうフェーズで、何をしようとしているのかわからないので、報告書を読んでも疑問ばかりが残ってしまいます。そこで、適宜カッコ内で補足したり、脚注で説明したり、「わかりやすいように」配慮することが必要です。

たとえばシステム開発で、ユーザーインターフェースの設計に関する報告書を書く場合、上司から指名される人は、その設計を担当している人です。

指名された人は、「時間もないし、自分が書かなくてはならないことを書こう」と思うかもしれません。この「自分が書かなくてはならないこと」というのがくせ者です。これは、このテーマを知らない他人が「わかりやすく読みたい、理解したい」というレベルとは異なります。この結果、書いた人間にはわかるけれど、「本当に理解してほしい他人」にはわからない文章が生まれてしまいます。

たとえば、以下のような文章があったとします。

Before　修正前

テストは〇〇日から、□□機能…略…××機能までを実施いただきたく存じます。

ITエンジニアにとってテストの目的や効果は、あたりまえすぎる常識です。しかし、システム開発の知識がない人にとっては、そうではありません。つまり、ある人には常識で、あたりまえのこととして省略してしまう事柄が、他の人には常識でなく、結果として大事なことが省略された「まったくわからない文章」になります。これは論理学の世界で「前提の違い」と呼ばれます。

前提が同じ（ITエンジニア同士）なら、テストの目的を省略しても理解してもらえますが、前提が違う人たちの間では、省略は説得力を失わせる大きな原因になります。重要なのは「省略しない癖」を付けることです。あたりまえのことでも「あえて書く」という基礎的なことが、文章力を向上させるカギになるのです。これを踏まえて、前述の文章を書き直してみましょう。

After 修正後

テストは、構築してきたシステムの動作を確認するステップです。

あなたの業務を円滑に遂行させていくために、次のようにテストを実施させていただきます。

テストは○○日から、□□機能…略…××機能までを実施いただきたく存じますので、ご理解いただきたくお願いいたします。

このように書けば、テストがわからない読み手からも好まれる文章になります。「省略しない」ように書けばよいと思うかもしれませんが、書き手はわかっていることを無意識に「省略してしまう」ため、これを変えるのはかなり意識しないと難しいものです。

そこで、意識付けるための方法をいくつか紹介します。これは「他人の力を借りる」方法と「自分で注意する」方法があります。

方法①　他人にチェックしてもらう

楽なのは、他人に「省略」を指摘してもらうことです。ただし、「前提」が同じ人では意味がないので注意してください。

顧客向けなら、当然、顧客の担当者に見てもらわなくてはなりません。人間関係を友好に保っている顧客側の担当者（一定の業務経験を保持）に事情を話し、積極的に文章をチェックしてもらうことが効果的です。文章をチェックしてもらうと、今まで気づかなかった顧客の視点を得るというメリットもあります。

方法②　チェック表を使う

自分で注意する際に有効な方法の1つは、チェック表を使う方法です。顧客側の担当者や上司の業務内容、システム開発経験、IT知識などを考え、自分の書いた文章に問題がないかをチェックできるようなリストを用意します。文章中にIT用語やシステム開発作業特有の考え方（要件定義、設計、テスト、移行）などがあれば、これをわかりやすく言い換えできるように説明を補足します。

この方法では、当初は運用するのが面倒かもしれません。しかし次第に慣れ、意識しなくてもわかりやすい文章が書けるようになるという効果もあります。

いずれの方法にしても、書いていくうちに次第に省略しないでわかりやすく説明するという意識が習慣化するので、文章能力の向上が期待できます。

②主語や主体を明確に書く

日本語は、主語を省略できる便利な言語ですが、そのぶん主体を示す言葉が明確に書かれていないと、文章が非常に難解になるので注意してください。これは、「誰が」「何を発言したのか」「当方なのか」「先方なのか」があいまいだと非常にわかりにくくなるからです。

たとえば、次の文章を見てください。

Before 修正前

次回の打ち合わせは来週の水曜日くらいとの話になったが、その日は先方担当者の都合が悪いかもしれないとの話になり、結局、その場では決められなかったため、後日調整しましょうという話になった。

これでは、後日の調整を誰がするのか、行動主体がわからないため、意味が明確になっていません。そこで、次のように、主語と行動、関係者を明確にして記述することが必要です。

After 修正後

後日、当方○○が先方××様と日程調整することで合意した。

③無意味な情報や不確実な情報を記載しない

文章は長く書けばよいというものではなく、全体の文意に関係しないことを書かないように注意しましょう。

無意味な情報の例

昨日はあいにくの雨だったので、われわれが到着するのが遅れ、30分遅刻してしまいました。先方は立腹気味でしたが、最後は和やかでした。

このように経過を冗長に表現すると、何が言いたいのかわからなくなります。文意に関係ないことが無意味に書かれている文章は、非常にわかりにくくなります。意味のない途中経過、大事でないプロセスは、本文の趣旨や説得力を損なうので、無意味な表現は排除するようにしましょう。

不確実な情報の例

先方の部長様が交代になるという話もあり、これを前提とした場合に、今の当方の体制では不具合があると思われ、至急対応が必要と考えております。

この内容も、先方の部長が交代になるかもしれないという情報をもとに、判断を行うようなことが記載されていますが、ベースとなる話が不確実です。そのため、説得力の弱い表現になっています。

④あいまいな内容を書かない

抽象的な形容表現はできるだけ排除しましょう。抽象的な表現とは、たとえば「とても多い」「かなり困難」「非常に手間がかかる」などの表現です。

具体例を挙げてみましょう。

・かなり多い
・コスト的に厳しい
・日程的に苦しい
・とても厳しい
・現実的ではない

・著しく困難
・難しくてリスクがある
・かなりリスキー
・業務に耐えられないほどの
・実際問題として不可能
・無理に等しい

などの表現です。

これは、意思決定を目的とする文章では致命的とも言える表現で、読み手を怒らせる原因になります。

正しく具体的な期間・コスト・規模などを語れないため、このような表現でごまかそうとする場合が多いですが、意思決定を行う人が読み手の場合、判断の根拠を見いだせないので困ることになります。もちろん、完璧に時間・コスト・規模を語れない場合もあるでしょう。しかし、それがあいまいな表現を使ってよいという理由にはなりません。

⑤未決、既決、アクションプランを明確化

交渉録的要素の強い報告書や議事録においては、「未決、既決、締め切り日程」などの「アクション」を明確に書くことで、読み手の理解が明確になります。

たとえば、「ペンディング項目、決定事項、決着時期」を一覧化したり、「今後の行動計画（アクションプラン）」を一覧化したりするなどです。

次の文章を見てください。非常にあいまいで、アクションプランとしては弱い例です。

Before 修正前

昨日、先方と話をして、次回の打ち合わせは来週の水曜日くらいとの話になりましたが、その日は先方担当者の都合が悪いかもしれないとの話になり、結局、その場では決められなかったため、後日調整しましょうという話になっております。

この文章に、次のように手を加えてみましょう。

After 修正後

昨日、先方の○○様と私で協議しましたが、決定できなかった※ため、別途、私が主体で先方の日程を確認し、以下の通り決定しました。

・日程：5月23日15：00 ～17：00
・参加者：奥田氏、山田氏、横田氏
・場所：当社209 会議室

※次回の打ち合わせは来週の水曜日くらいとの話もあったのですが、先方担当者に確認できず、決定できていなかったもの。

このように書けば、読み手も以降の行動が予測でき、安心することができます。

練習問題

それでは、練習問題に取り掛かりましょう。問題の文章を正確に書いてわかりやすく変更してください。

Before 問題の文章

件名：店舗の確認結果について

新山です。以下の通りです。

1. 確認結果
・大きさは、大きすぎない程度で、小さくもないかなとの感想。
・駅から歩いてかなり長く感じますので、集客はかなり困難との感想。
・駅前で集客して店舗へ誘導が難しいので、集客面ではかなり手間がかかると考えます。

2. 所感
・非常に手間がかかり、価値のあまり大きくない、われわれの側から言えば、非常に苦しい物件というイメージと考えます。

考え方と解答例

基本的に「一文が長い」「抽象表現が多い」「客観性に欠ける」という文書になっています。

そこで文章を適切な長さにして、客観的な数字と感想・意見を分けて書くことで、読み手は理解しやすくなり、誤解も少なくなります。

After 解答例

件名：店舗の確認結果について

新山です。以下の通りです。

1. 店舗の大きさ
坪数○○、床面積○○、総容積○○です（数値は添付に）。
あくまで私の感想ですが、大きさは当方の標準的店舗と同等です。

2. 立地
最寄り駅（○○）から普通に歩いて10分。○○メートルです。感想としては、何回も曲がり角を曲がるので、体感的には10分以上と感じます。

3. 集客の課題（私見）
この立地ですと、駅前で集客して店舗へ誘導が難しい（駅から店舗までがわかりにくく、かつ時間が長く感じる）ので、集客面では苦戦するかもしれません。

これらのことを考えると、当社店舗物件に比して、不利な店舗物件と言えるのではないかと考えます。

2-6 7つの力⑥ 短い文章で伝える

できるだけ短い文章で理解させる

相手に伝わる文章は、短い時間で内容を理解できることが求められます。このためには、ムダな文章をそぎ落とすことはもちろん、言い換えや記号化、図表などを使うことが必要です。

ここを押さえよう!

「短い文章で伝える」には、次の5つのポイントがあります。これをもとに、具体例を交えて短い文章で伝える文章の作成方法を説明します。

「短い文章で伝える」5つのポイント

①助詞、形容詞、修飾語などを排除する
②記号化して省く
③注で飛ばして本文から省く
④受け身表現を能動態にしたり、体言止めで省く
⑤絵や表に置き換えて省く

①助詞、形容詞、修飾語などを排除する

日本語は、ある語句を前から修飾することができる言語です。これは、書き手にとっては便利な半面、読み手にとっては読みにくいことが多く、注意が必要です。

このような文法が許されると、主語と述語までの間に修飾語が入ってしまうので、主語と述語の関係（＝誰が何をするのか、したのか、したいのか）がわかりにくくなります。さらに、修飾語は接続詞を使っていくつも入れることができるため、修飾語が好きな人は、語句の前にたくさんの修飾語が入る長いセンテンスを作ってしまいます。

たとえば、次のような顧客向けの依頼文書があったとします。

Before 修正前

1. 要件のご確認に関して

今回の貴社インターネットサイト向け注文システム構築に関しては、貴社事務部門、企画部門のご担当者様の正しいご要望を確実に当方が把握できるようにヒアリングを実施させていただきます。

この文章の骨子は、「ヒアリングを実施したい」ということですが、それまでに長い修飾語やヒアリングをしなければならない理由などが書かれており、読みにくいセンテンスです。

このセンテンスを分解すると、「ヒアリングを実施したい」が主張、主張の理由は「正しいご要望を確実に当方が把握する必要がある」ことです。そして、要望の主は「貴社事務部門、企画部門のご担当者様」ということになります。そこで、次のように修正するとすっきりします。

After 修正後

1. 要件のご確認に関して
　システム構築にあたっては、ヒアリングを実施させていただきます。
→貴社のニーズを確実に把握させていただくために必要ですのでよろしくお願いします。
→対象は、貴社事務部門、企画部門のご担当者様とさせていただきます。

文章には目的にかなった書き方があるため、一概には言えませんが、1つのセンテンスに主張、理由、装飾語、目的語などが不規則に混在すると、読み手にとって非常に理解しにくい表現となります。

このように文章が読みにくいと、読み手は苦痛に感じます。そうなってしまうと、読み手は文章の内容自体に関係なく、文章表現の不快さに腹を立て、相手に伝わらないことがあるので避けるべきでしょう。

②記号化して省く

文章を記号で表現して短くすることができます。これには、→（矢印）や＝（イコール）などの記号を使います。

ビジネス文書のうち特に企画の説明や報告書で重要なのはキーワード同士の関係なので、キーワードをつなぐ助詞などはビジネス文書では「書かない」という割り切りも必要です。

ここで言うキーワード同士の関係とは、「言い換え」「理由」などを指します。

キーワードとキーワードの関係を表現する言葉は、思い切って「→」や「＝」に置き換えてみましょう。

表現ルール

○キーワード同士の関係を矢印で連結する

○関係は、「原因→結果」「根拠→主張」「概要→詳細」「問題→解決策」「構成物→物体」などで表す（ただし、あまり厳密なルールではなく、直感的にわかる範囲でかまいません）

たとえば、次の文章を短くする場合を考えてみましょう。

Before　修正前

　システムトラブルの原因は、分岐ロジックの考慮漏れです。それは、担当者のデータ項目の考慮ミスから生じています。そこで今後は、レビューにてチェックを徹底することにより、再発防止を行います。

　この文章を先ほどの表現ルールを使って短くすると、次のようになります。カッコ内の原因、結果などはここでの説明のために必要なものなので、実際の文章では不要です。

After　修正後

システムトラブル（結果）←分岐ロジックの考慮漏れ（原因）←データ項目の考慮ミス（原因）

⬇（解決策）

再発防止策（目的）←レビューでチェック徹底（手段）

システムを知っている人に対する報告なら、このような記号表現でも十分伝わりますし、より直感的にわかります。キーワードが目に入って、それが矢印でつながっているから、「認知が速い」というわけです。

③注で飛ばして本文から省く

この「注で飛ばして本文から省く」という技法は、これまでもすでに使っていますが、ここで1つ例を挙げてみましょう。

例

稼働中のシステムへの変更は、システム変更時に修正意図のない場所にも悪影響を及ぼすデグレ（デグレード：品質劣化）に注意すべきです。

⬇（注を使う）

稼働中のシステムへの変更はデグレ（注）に注意すべきです。

注：システム変更時に修正意図のない場所にも悪影響を及ぼすこと。

④受け身表現を能動態にしたり、体言止めで省く

受動態には説得力がないことはすでに説明しましたが、文章量としても長くなるので、文章を短くするには、能動態にします。また、体言止めにすると、助詞が不要になるため、文章が短くなります。

例1

データベースの不具合によって、そのトラブルは引き起こされた。（30字）

⬇（能動態）

データベース不具合によりトラブル発生　（18字）

例2

レビューの運営がよくなかったため、システムの品質に大きな悪影響がもたらされている。　(41字)

⬇(能動態)

レビュー運営不具合でシステム品質悪化　(18字)

⑤絵や表に置き換えて省く

文章を絵、図、表に置き換えることも効果的です。

Before 修正前

近年、デジタルトランスフォーメーション（DX）の進展によって、ビジネスモデルはデジタル技術の活用前提として構築されるため、ビジネスを知っているIT人材が多く必要で、育成が急がれています。日本は、デジタル技術を駆使してビジネスモデルを構築できるような人材の育成を急ぐ必要があると思います。

これを絵で表現すると、次のようになります。

After 修正後

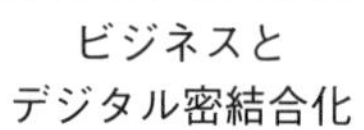

ビジネスに強い
IT人材

日本は、育成を急ぐ必要がある

練習問題

問題の文章を、記号を使って短くしてください。

Before 問題の文章

システム開発における共有ドキュメント（データ項目説明書、共通ルーチン説明書など）は常に最新にメンテナンスする必要があります。

これは、ドキュメントが最新に保たれていないと、間違った内容で作業してしまい、システムが正しく動作しないことが起きるからです。

考え方と解答例

最終主張は、「共有ドキュメントは常に最新のものにメンテナンスが必要」ということです。なお、共有ドキュメントの種類は、※（補足）を使って本文から省きます。

また、「ドキュメントが最新に保たれていないと間違った内容で作業して、システムが正しく動作しない」というのは理由です。これらの関係を記号で表現すると、次の解答例のようになります。

After 解答例

共有ドキュメント※は常に最新のものにメンテナンスが必要

▲

ドキュメントが最新に保たれていない ➡ 間違った内容で作業 ➡ システムが正しく動作しない

※システム開発で使うデータ項目説明書、共通ルーチン説明書など

2-7 7つの力⑦ 心に訴える

相手の感情に配慮した文章にする

よい文章を書くためには、読み手の心（感情）に訴えるなど、心理面のアプローチも必要です。特に「説得する」「依頼する」「断る」「アピールする」などの文章では、論理性やわかりやすさだけでなく、相手の心情に配慮した工夫が求められます。

人は感情を持つため、文章に心を動かされることも多く、これを応用した「心に訴える」書き方があります。

ここを押さえよう！

「心に訴える」には、次の5つのポイントがあります。これをもとに、具体例を交えて心に訴える文章の作成方法を説明します。

「心に訴える」5つのポイント

①気持ちをくすぐる、ほめる

②意欲を見せる

③批判、反論を先に自分で言及する

④セレクト（選択満足）効果を使う

⑤コントラスト（対比）効果を使う

①気持ちをくすぐる、ほめる

相手の協力を得たり、説得をしたりする場合などに相手をリスペクト（尊敬）する意を表し、目的を達成する方法があります。人はほめられると、お世辞とわかっていても悪い気はしません。状況にあわせて積極的に使いましょう。この技法の例をいくつか示します。

Before　例１　修正前

件名：データベース論理設計の協力依頼をお願いします。

西蔵さん、開発２課の横溝です。
現在、A社システムのデータベース設計を行っていますが、よく理解できていない部分があり、開発時の責任者であった西蔵さんのお力を借りたいと思い、協力を依頼させていただきたいと思います。

After　例１　修正後――気持ちをくすぐる

件名：データベース論理設計の協力依頼をお願いします。

西蔵さん、開発２課の横溝です。
現在、A社システムのデータベース設計を行っていますが、よく理解できていない部分があり、開発時の責任者であった西蔵さんのお力を借りたいと思い、協力を依頼させていただきます。
私のチームの優秀な人材を集めて分析していますが、設計が高度で難しく、ぜひ設計者の考え・思想を教えていただきたく、お願いいたします。

Before 例2 修正前

件名：会議の進め方の感想

西野です。この前の会議の進め方はよかったと思います。
前田さんの進め方は上手いですね。安心できます。これからも頑張ってください。

After 例2 修正後——具体的にほめる

件名：会議の進め方の感想

西野です。この前の会議の進め方はよかったと思います。
説明の進め方、徹底が秀逸でした。メンバーの顔がしまっていていつもと違いました。それは、前田さんの考えた進め方が上手かったということだと思います。

後でメンバーに聞いたら「具体的で、進め方がよくわかった」と言っていました。前田さんの考えが適切だったということだと思います。いつも、前田さんの進め方には感心します。

今後もいろいろ考えてメンバーをリードしてください。楽しみにしています。これからも頑張ってください。

②意欲を見せる

特に相手が上司や自分よりも上位の役職者（自社、取引先、顧客）である場合は、強い意欲を見せることで、相手の協力を得たり、説得が上手くいったりすることも多くあります。

とりわけ、相手がYesかNoかで迷っている場合などには、高い意欲を見せる言葉、具体的には、「ぜひ、やらせてください」「やらなければ、当社の将来はない」などは、相手の感情を刺激し、Yesを引き出しやすいものです。

例

> 件名：企画立案の件
>
> 大野部長　米田です。
>
> ご説明した企画において、部長が指摘された問題点は解決していくことができると思います。
> われわれ中堅社員は、この挑戦をしていかなくてはならないと思っております。
> その結果、実施の方向になり、関係者の力を貸していただくことができれば、必ずやこの企画を成功させ、当社が有利な市場でのポジションを確保できるよう力を出したいと存じます。どうぞ、再度ご検討いただくよう、お願いします。

③批判、反論を先に自分で言及する

文章で失敗することの多くが、読み手から多くの異論・反論を受けることです。一度、多くの批判をあびた文章は信用をなくすため、その後で修正しても、もはや心理的に「よくない文章」のレッテルを貼られてしまいます。

このようなことを避けるために、「あらかじめ他人からの異論・反論を用意しておく」手法が有効です。

たとえば、システムの品質を高めるために、品質の確保をミッションとする「品質チーム」を発足させるとします。その趣旨の企画書を書いた場合、次のような異論・反論が想定されます。

異論・反論ポイント

●ポイント1●　最初は開発チームから分離して品質維持専門チームを組織するので、開発に関する知識は問題ないと思うが、次第に品質チームに「開発のノウハウ」が少なくなっていくのではないか？

●ポイント2●　開発チームと品質保証チームは、対立しやすいのではないか？足を引っ張りあうことで、かえって組織力は落ちるのではないか？

これを分析し、それぞれ「ポイント1」「ポイント2」として、企画書に組み込むことにより、同じ種類の異論・反論を受けないようにします。その結果、たとえば次のような文章ができます。

検討のポイント

検討にあたっては、以下を考慮する。

A. ポイント1

品質チームの「開発知識・スキル」維持※1

→開発チームとのローテーションを適切に行うことで知識・スキルを保つ。

※1：最初は開発チームから分離して品質維持専門チームを組織するので、開発に関する知識・スキルは問題ないと思うが、次第に品質チームに「開発のノウハウ」が少なくなっていく懸念がある。

B. ポイント2

開発チームと品質チームの対立回避※2

→品質チームのリーダー層には、開発チームで管理者クラスの経験者をアサインする。開発チームへの影響力を保つことで、人間関係の悪化を避ける。

※2：開発チームと品質保証チームは利害が対立し、関係が悪化する可能性がある。これにより、かえって組織力が落ちるリスクがある。

以上

人は、課題として指摘したいと思っていることがあらかじめ文章の中で言及されていると（論点になっていると）、同じ種類の追加指摘は心理的にできないものです（「しつこいと思われること」や「こだわりすぎと思われること」を嫌う傾向があるためです）。

このため、予想される異論・反論を先に言及しておくことに効果があります。

④セレクト（選択満足）効果を使う

セレクト効果とは、私が使っている用語で、「複数の案を提示すると、その中のベストを選ぼうとして、それ以外の案を考えたりする意識がなくなる」という心理効果です。

たとえば、品質改善の企画をする担当者が、結論を「データベース構造の見直し」にしたいと考えているとします。この場合、1つの結論だけを提示されると、関係者はNoを言いやすい心理状態になります。

Before 修正前

件名：品質改善の方向性について

徳田です。品質改善にはデータベース構造の見直しが必要と思います。

<理由>
10年以上の保守開発を繰り返した結果、テーブルやカラムがわかりにくくなり、システムを正しく変更できなくなっているため。

なぜなら、結論が1つだと、「十分に検討したのか」「他にも方法があるのではないか」「他の案を考えないと結論は出せない」という心理状態になるからです。そこで、いくつかの案を用意しその中から選ぶ議論にするような構成にします。

After 修正後

件名：品質改善の方向性について

徳田です。品質改善の方向性に関しては、以下の案を考え、決定したいと思います。

案1：データベース構造の見直しを行う
案2：データベース説明書の整備を行う
案3：データベースを専門に設計するチームを用意する
案4：データベース設計のレビューを充実する

<理由>
データベースの使い勝手が悪くなっており、ミスを起こしやすい状況であるため。
→10年以上の保守開発を繰り返した結果、テーブルやカラムがわかりにくくなり、システムを正しく変更できなくなっている。

こうすることで、案1～4の中に議論を収めることができ、1～4のどれかは「Yes」となるよう誘導しやすくなります。

⑤コントラスト（対比）効果を使う

コントラスト効果とは、心理学上の言葉で、ある物Aと、それに劣後するBを対比させ、Aのよさを際立たせる効果のことを言います。

たとえば、企画の仕事において、案1をどうしても通したい場合、案1よりも劣後する案2や、さらに劣後する案3を提示し、案1のよさを引き立たせ、それに誘導する手法です。

件名：サーバダウン障害の再発防止策について

大窪です。先週発生したサーバ障害（※）の再発防止策の方向性に関しては、以下の案を考え、決定したいと思います。

案1：サーバの資源状況を常時監視し、不足する場合は、関係者に速やかに連携する体制を構築

案2：サーバの資源状況を常時監視し、不足する場合は、処理要求をキャンセルする。

案3：サーバの資源状況を常時監視し、不足する場合は、速やかに資源を追加する。

<※サーバ障害の状況>

Webのホテル予約システムにおいて、割引キャンペーンを告知した直後に、予約処理要求が増え、サーバのメモリが不足し、サーバダウンした。

このようにすれば、案3に誘導できる可能性が高くなります。案1は再発防止効果がなく、案2は業務上あまり意味がなく、それぞれ案3より劣後するからです。

練習問題

問題の文章を、コントラスト効果を使って修正してください。（案は3つ作り、結論は案3にしてください。）

Before 問題の文章

件名：人工知能（AI）人材育成策について

青木です。当社業務にAIを生かすための人材育成については、以下の通りにしたいと考えます。

<結論>

・外部からAI人材を採用し、それらの要員と既存システム要員を混成したチームを作り、OJTにてAIを活用した業務システムの企画、実装までを行う。

考え方と解答例

コントラスト効果を使った文章では、自分が推したい案の他に、それより劣後する案を並列に記載します。劣後する案は、推す案よりも効果が小さいものを書きますが、あまりにもいい加減な案にすると、文章全体の信用性が落ちるので注意します。

After 解答例

件名：人工知能（AI）人材育成策について

青木です。当社業務にAIを生かすための人材育成については、以下の案を考え、決定したいと思います。

案1：既存人材のうち、何人かをAIのセミナーに参加させ、その後OJTでAIを活用できるスキルを習得させる。

案2：AIに強い外部ベンダと契約し、コンサルティングを受け、当社内システム要員の教育も依頼する。

案3：外部からAI人材を採用し、それらの要員と既存システム要員を混成したチームを作り、OJTにてAIを活用した業務システムの企画、実装までを行う。

第2部　実践編

第3章

社内の基礎的なコミュニケーション

ここからは「実践編」として、種類や用途別にどのような文章を作成すればよいか解説していきます。本章のテーマは、「社内の基礎的なコミュニケーションで必要な文章」です。調査報告、課題報告、進捗報告、会議開催通知、会議議事録の文章作成例を紹介します。

3-1 調査依頼された内容を報告する
調査報告

依頼事項、自分の考え、注意事項を明確に

Before 修正前

件名：コールセンター次期システムの導入調査
企画部長

システム企画課の西です。ご依頼の「コールセンター次期システム導入調査」の状況を報告します。 ①

コールセンター用のパッケージソフトを使う会社が多いようです。一般にパッケージソフトは顧客応対に必要な最新の機能を兼ね備えているため、導入面で楽だからと思います。パッケージを使うのも1つの方法だと思います。 ②

ただし、パッケージソフト導入した同業他社には上手くいかなかった事例もあったようですので、それにも注意する必要があると思います。 ③

ここを押さえよう！

仕事をしていれば、上司や関係部門に調査を依頼された内容を調べて報告する機会は多いでしょう。

このような文章で注意すべきことは、依頼を受けた内容をしっかり理解し、どのような調査方法を選んだのかを報告書に入れることです。

また、調査結果に関しては自分の考えや提案を入れ、調査過程で得た注意事項があれば、それを書いておくことです。

具体的な項目としては、他社での事例（成功したのか、失敗したのか、コストや導入期間はどれくらいなのか）などを書きます。これらを丁寧に書くことで、「しっかり調査してくれた」という評価につながります。

このように、調査報告する文章では、次の項目を含めます。

調査報告に必要な項目

①依頼内容と調査方法
②自分の考え、提案
③注意点

①依頼内容と調査方法

> システム企画課の西です。ご依頼の「コールセンター次期システム導入調査」の状況を報告します。

どのように調査したのか、どのような事例を調べたのかなどが書かれていないので、調査依頼した側が心配になってしまいます。調査依頼側が「しっかり調査してくれた」と評価できる内容を書きましょう。

②自分の考え、提案

> コールセンター用のパッケージソフトを使う会社が多いようです。一般にパッケージソフトは顧客応対に必要な最新の機能を兼ね備えているため、導入面で楽だからと思います。パッケージを使うのも1つの方法だと思います。

依頼する側は依頼先を信用し、その考えを聞きたいと思っています。この内容では、調査側に自分の考えがないので依頼側はパッケージがよいのか確信が持てません。

③注意点

> ただし、パッケージソフト導入した同業他社には上手くいかなかった事例もあったようですので、それにも注意する必要があると思います。

調査結果において、注意することがあればしっかり書いておきます。この書き方では、どう注意するのか、何が問題なのかわからず、不満が残ります。

After 修正後

件名：コールセンター次期システムの導入調査
企画部長

システム企画課の西です。ご依頼の「コールセンター次期システム導入調査」の状況を報告します。

1. 依頼事項

顧客から電話で商品の質問や苦情を受けた際の応対に利用するコールセンター用次期システム導入に向けたラフな調査。

調査にあたっては同業他社や他業界のコールセンターシステムの内容をシステムコンサル会社やIT系の業界紙、有識者を通じて調査し、自社開発とパッケージソフトを比較検討しました。

①依頼内容と調査方法を書く

2. システム導入を行う上での推奨

コールセンター用のパッケージソフトを使うことが得策

（理由）

顧客応対に必要な最新の機能を兼ね備えているため。これらを当社で一から自社開発することは、スキル面、コスト面、導入の期間面などで難しいと考えられるため。

②自分の考え、提案を書く

3. 導入する上での注意点

パッケージソフトの利用では、カスタマイズ（基本機能の改造）を最小限に抑えることがポイントです。なぜなら、パッケージソフトは基本機能が存在し、それに業務を合わせることが余計な作業を増やさないコツであるためです。

自社業務にこだわるとカスタマイズが多く発生します。すると、カスタマイズ分の要件定義が発生、開発ベンダに設計、製作、検証が発生し、追加コストが多くなったり、開発期間が長くなったりします。したがって、業務をパッケージに合わせることが得策と考えます。

パッケージ導入を方針にするのであれば、次のステップとしてパッケージソフトの選定調査に入りますので、その旨連絡願います。

③注意点などがあれば書く

まとめ

①依頼内容と調査方法を書く

依頼された内容や調査方法などを明確に書いておきます。こうすることで、調査依頼側が「しっかり調査している」と安心することができます。

②自分の考え、提案などを書く

依頼者に自分の考え、提案、推奨を明確に主張することで、信頼を得ることができます。

③注意点などがあれば書く

調査結果において、注意することがあれば書きます。これにより依頼者側は「この人に依頼してよかった」と感じることができます。

3-2 現状課題を報告する
課題報告

課題、原因、対策、再発防止策を書く

Before 修正前

件名：過去のシステム設計ミスの対応について
関係者各位

システム開発課の秋田です。

以下の通り報告します。

過去のシステム設計ミスの原因にはシステム設計内容と実際の業務内容が異なっていることが多くあると思われます。 ①

業務説明書に書かれている業務内容を前提にシステム設計をしたが、実際の業務内容と異なっていた事例が数多くありました。これが原因と思われます。 ②

そこで、これを考慮して今後は設計ミスがないような再発防止策を考えて、実施いたします。 ③

ここを押さえよう!

システム開発の仕事ではさまざまな課題が発生するので、これを上司や関係者に適切に報告する必要があります。

たとえば、システム設計ミスが続いているなどの課題を上司や関係者に報告する際には、どのように課題が発生しているのかといった傾向を書く必要があります。

また、なぜ発生したのか（原因）についても客観的な数字で説得力を持って書く必要があります。

さらに、課題を今後発生させないための再発防止策を具体的に書くことで「これなら今後は発生しない」と読み手に安心感を与えることが必要です。

このように、課題を報告する文章では、次の項目を含める必要があります。

課題報告に必要な項目

①課題の状況と傾向の分析

②課題発生原因

③再発防止策

①課題の状況と傾向の分析

> 過去のシステム設計ミスの原因にはシステム設計内容と実際の業務内容が異なっていることが多くあると思われます。

「異なっていることが多くあると思われます」という記載では、どれくらいの頻度でシステム設計内容と業務内容が異なっていたのかわからず、納得感がありません。課題の分析は読み手が納得できるように書きましょう。

②課題発生原因は客観的に書く

> 業務説明書に書かれている業務内容を前提にシステム設計をしたが、実際の業務内容と異なっていた事例が数多くありました。これが原因と思われます。

「事例が数多くありました」や「これが原因と思われます」という記載では根拠となる客観的数字がないので、納得感がありません。

発生した原因分析は、根拠となる数字を使って論理的に説明し、客観的で納得感のある内容を書く必要があります。

③再発防止策は具体的に書く

> そこで、これを考慮して今後は設計ミスがないような再発防止策を考えて、実施いたします。

「今後は設計ミスがないような～」という記載では具体的にどのような再発防止策になるのかわからず不満が残ります。

再発防止策は具体的に書く必要があります。これが効果的な対策であるほど報告を受ける側は「今後は発生しない」と安心できます。

After 修正後

件名：過去のシステム設計ミスの対応について
関係者各位

システム開発課の秋田です。以下の通り報告します。

1. システム設計ミスの傾向と原因

a. 設計ミスの傾向
1年間の設計ミスに関する報告書を分析したところ、「業務説明書の整備漏れ」に起因するものが約50%あったので、これに対応した改善を行います。

①課題の状況と傾向の分析を書く

b. 原因
業務説明書の整備漏れに起因するミス
…20件（48%）
（具体的事例）
業務説明書に書かれている業務内容を前提にシステム設計をしたが、実際の業務内容と異なっていた。

②課題発生原因は客観的に書く

2. 再発防止策
「業務説明書の整備」を徹底するような統制施策を実施します。
また、システム変更前に業務説明書を業務部門の有識者にチェックしてもらい、最新内容であることを確認する運営にします。

③再発防止策は具体的に書く

まとめ

①課題の状況と傾向の分析を書く

課題の分析は過去の内容を調査し、どのような傾向にあったのかを計数で示します。

②課題発生原因は客観的に書く

発生した原因は計数を使い、客観的で納得感のある理由を書きます。

③再発防止策は具体的に書く

再発防止策は、「この施策なら再発はしないだろう」と思わせる内容（たとえば、業務説明書整備の徹底、システム変更前に業務説明書が最新であることの確認）を具体的に書きます。

3-3 進捗遅れを報告する
進捗報告

遅れは客観的に、理由は論理的に、対策は明確に

Before 修正前

件名：進捗報告の件
システム開発部長

システム開発課の林です。

以下の通り、進捗が遅れていますので報告いたします。

予定と比べて遅れ気味です。 ①

顧客側の担当者との間で多少の行き違いがあり、結果的に遅れているのが現状です。 ②

遅れはなんとか取り戻すつもりでありますので、大丈夫だと思っております。スケジュールは確実に守ります。 ③

ここを押さえよう！

仕事をする上で嫌なものは、「仕事が遅れた」という状態でしょう。進捗の遅れは後続作業に深刻な問題を発生させる可能性があるので、

上司や関係者に適切に報告する必要があります。

しかし、当事者が「もう少しすれば改善するかも」と考えて、進捗遅れの報告を後回しにすることが起こります。

この結果、後続の作業の日程が延び、コストが多くかかり、プロジェクトが失敗する可能性が高くなります。悪い報告こそ早く、的確にする必要があるのです。

作業遅れを報告する文章では、「どれくらい遅れるか」という遅れの規模、「どうして遅れたか」という遅れの原因、「遅れを取り戻せるか」という遅れの対策を含める必要があります。これらをわかりやすく、客観的に記載することが必要です。

進捗遅れ報告に必要な項目

①「どれくらい遅れるか」という遅れの規模
②「どうして遅れたか」という原因
③「遅れを取り戻せるか」という対策

①遅れの規模（どれくらい遅れるか）

> 予定と比べて遅れ気味です。

遅れの規模には、予定と比べて遅れている日数やコスト換算した影響の規模を数字で示すことが必要です。

報告された側は、どれくらい遅れた、あるいは遅れるのかを客観的な数字で示されないと、影響の大きさや対策を考えることができないからです。

②遅れの原因（どうして遅れたか）

> 顧客側の担当者との間で多少の行き違いがあり、結果的に遅れているのが現状です。

「結果的に遅れている～」との記載となっていますが、なぜ遅れたのか、恒常的な原因（今後も続くもの）なのか、突発的な原因（今回のみ）なのかなどが推測できません。

この結果、今後も遅れるのか、もう遅れないのかなどの推測ができず、対策を立てられないため、遅れの原因を分析してわかりやすく説明することが必要です。

③遅れの対策（遅れを取り戻せるか）

> 遅れはなんとか取り戻すつもりでありますので、大丈夫だと思っております。スケジュールは確実に守ります。

遅れを確実に取り戻す方法があるか、それともスケジュール見直しが必要なのかを書きます。

これらが書かれていないと、プロジェクト全体に今後どう影響するのか判断できず、適切な対応をすることができません。

After　修正後

件名：進捗報告の件
システム開発部長

システム開発課の林です。
進捗が遅れていますので報告いたします。

1. 遅延規模

5つのタスクラインのうちの1つのラインのみ、予定比、2日間の作業分が遅れています。

①遅延の規模を明確に書く

2. 理由

顧客の担当者様が仕様変更を希望され、この時期での仕様変更は稼働時期に影響を与えるので、お受けすることは避けたいとの理由でお断りをしました。

この内容に先方担当者様が不快感を示し、交渉が難航しました。

その結果、2日に渡り、現行仕様での確定承認を受けられなかったためです。

交渉の結果、今回は納得いただきましたが、今後も同様のことを主張する可能性もあるので、進捗会議で課題がないか念押しする運営などを至急検討し、相談いたします。

②遅延の理由を明確に書く

3. 対策と見込み

現時点では、先方担当者様もご納得いただき、正常化しております。
（ただし、今後の対策は前述の通り）

2日は今後のスケジュールの中で吸収できる見込みですが、困難な場合は再度相談いたします。

③遅れを取り戻せるかを明確に書く

まとめ

①遅延の規模を明確に書く

遅延報告では、できるだけ客観的に遅延規模を書きます。

②遅延の原因を明確に書く

遅延の原因は正しく、事実に基づいたものにします。

③遅れを取り戻せるかを明確に書く

発生してしまった遅れがどうなるのか、どうするのかを書きます。

3-4 会議の開催を連絡する
会議開催通知

「いつするのか」「なぜするのか」「何をするのか」
「準備は何か」を明確に

Before 修正前

件名：大阪工業用システム設計会議の件
開発チームの関係者の皆さま

システム設計課長の大本です。以下の通り、設計会議を実施します。

1. 開始日時、場所
○月○日 13：00から
本社238 会議室
— ①

2. テーマ
共通プログラムの構造について検討をします。
— ②

3. その他
各自、会議に向けて自分の考えを整理しておいてください。
— ③

ここを押さえよう！

会議にはさまざまな種類があります。

- 報告をする会議
- 説明を受ける会議
- 仕事の進捗を確認する会議
- 問題を解決したり、新しい企画を検討したりするための議論をする会議

目的によって会議の種類もさまざまですが、会議の効率的実施はどの会議にも共通する事項です。

特に「参加者が議論する会議」は目的をしっかり意識して行いたいものです。「アイデアを収集する」「論点を明確にして深掘りする」という行為は、1人よりも複数の人間が行ったほうがよいものが得られます。

このためには、会議の目的をしっかり意識させる、会議に遅れてくることがないようにする、会議でひと言も意見を言わないことを避ける仕組みを作るようなことを徹底すべきです。

このように、会議開催を通知する文章には、次の項目を含める必要があります。

会議開催通知に必要な項目

①会議の基本的事項

②会議の目的、テーマ

③会議の準備作業

①会議の基本的事項

1. 開始日時、場所
○月○日 13：00から
本社238会議室

基本項目として、日程、時間、場所、参加者等をはっきり書きます。会議は参加者が重要です。

会議に合わせた適切な参加者を選ばないと会議の意味がなくなり、実効性もありません。

どのような目的、テーマとするのかを考え、適切な参加者を確実に招集するようにします。

②会議の目的、テーマ

2. テーマ
共通プログラムの構造について検討をします。

会議の目的、テーマは具体的なものを書くことが必要です。「構造について検討をします」よりも、「構造を確定し、以降の作業に入るための会議」などと、具体的な目的を書きます。

何を議論するのかといった論点を明確にしておかないと、各人の会議の重要性が意識できないですし、各自バラバラなレベルの考えを持ってくるリスクがあるので、論点を明確にしておく必要があります。

③会議の準備作業

> 3. その他
> 各自、会議に向けて自分の考えを整理しておいてください。

「自分の考えを整理しておいて～」と記載していますが、この書き方では不十分です。

会議を成功させ、目的を達成するためには参加者に会議で議論すること、決めるための準備作業を課す必要があります。

この準備作業は具体的なものであることが必要です。資料を読んでおくこと、関係者にヒアリングしておくこと、情報収集をしておくことなどを書いておくと会議が意味あるものになります。

After 修正後

件名：大阪工業用システム設計会議の件
開発チームの関係者の皆さま

システム設計課長の大本です。以下の通り、設計会議を実施しますので準備と参加を願います。

1. 目的
新システムの共通プログラムの構造確定

②会議の目的とテーマを明確に書く

2. 開始日時、場所、参加者
○月○日 13：00から（厳守願います）
本社238会議室　プロジェクト設計チーム全員

①会議の基本情報を書く

3. テーマ

共通プログラム構造が決まらない原因である「将来の拡張性にどこまで考慮するか」を議論します。

②会議の目的とテーマを明確に書く

4. 事前準備

該当システムの将来におけるシステム変更の可能性やその規模、変更の特性などを10くらい挙げた上で、プログラム構造を考え、参加者に説明できるようにしてください。

③事前作業を明記する

まとめ

①会議の基本情報を書く

基本項目として、日程、時間、場所、参加者など、会議の基本情報を書きます。

②会議の目的とテーマを明確に書く

目的は「新システムの共通プログラムの構造確定」、テーマは「将来の拡張性の確保をどうするか」のように書き、会議成功の意識を高めるように書きます。

③事前作業を明記する

会議の効率を高めるため、準備作業は具体的に書きます。

3-5 会議結果を報告する

会議議事録

未決事項、既決事項、今後のアクションプランを正確に

Before 修正前

件名：システム画面設計作業内容について
奥田課長

開発課の山元です。昨日の会議の内容を送付します。

昨日、トヤマ工業（株）向け、商品販売システム関係で打ち合わせを実施しました。
（大木さんと山元と他の２名で打ち合わせ）　①

システム操作利用者への画面デザインの要望があるとのことで、その確認をするためのヒアリングを実施することになりました。

画面を作成する業者の選定と段取りが必要との話になりました。また、外部仕様書作成は、西村さんが担当、画面作成委託業者への指示書作成は飯田さんが行います。これら全体の作業、進捗管理は大木さんが実施することになりました。　②

今後の作業としては、作業量見積もりの担当者を決める必要があります。これは、○月○日までに必要です。加えて、画面作成指示書の様式決定も必要で、これは○月○日までが必須と思います。社内承認の担当者と段取りも考える必要があり、これは○月○日までに必要と考えています。　③

ここを押さえよう！

会議の議事録では、会議基本情報、既決事項、未決事項、アクションプラン（締め切り日、担当等）を明確にする必要があります。

会議議事録は、会議の参加者のみに配るだけではなく、会議に参加しなかった人への情報提供文章でもあります。

このため、議事に参加していない人でもわかるように、確実に記載することも求められます。

参加者が発言した内容を正確に残す場合は、「誰が、どのテーマで、どういった発言をしたのか」を正しく記載することも重要です。

このように、会議内容の結果報告文章では、次の項目を含める必要があります。

会議結果報告に必要な項目

①会議のテーマ、参加者などの基本情報

②既決事項と誰が担当するのか

③未決事項といつまでに決めるのか

①会議のテーマ、参加者などの基本情報

> 昨日、トヤマ工業（株）向け、商品販売システム関係で打ち合わせを実施しました。
> （大木さんと山元と他の２名で打ち合わせ）

議事録には、何を目的とした、どのような会議なのかを書いておき

ます。

なお、議事録を上位職に回覧するような場合は、案件とテーマが詳細にわからない場合もあるので、注記で内容を書いておく配慮も必要です。また、参加者は人数だけでなく、誰が参加したのかわかるように氏名も明記します。参加者の発言を議事録として残す場合は、誰の発言だったのか、名前を記載しておきます。

②既決事項と誰が担当するのか

> 外部仕様書作成は、西村さんが担当、画面作成委託業者への指示書作成は飯田さんが行います。これら全体の作業、進捗管理は大木さんが実施することになりました。

会議の結果、決まった内容（既決）の作業については、担当する人の名前を必ず書いておきます。これによって作業責任が明確になりますし、作業トレースがしやすくなります。

逆に担当者を書かないと、後から「自分の担当ではない」と責任があいまいになり、作業が進んでいかなくなってしまいます。

③未決事項といつまでに決めるのか

> 今後の作業としては、作業量見積もりの担当者を決める必要があります。これは、○月○日までに必要です。

会議の結果、未決事項になった場合は「何を決める必要があるのか」、いつまでに決めるのかという「完了期日」を必ず書いておきます。これらは、後からトレースする場合に作業が「あいまい」になり、作業が遅延することを防止します。

After 修正後

件名：システム画面設計作業内容について
システム２課　奥田課長

開発課の山元です。作業分担会議結果を報告します。

1. テーマ
トヤマ工業（株）向け、商品販売システム設計画面作成作業項目の洗い出し

2. 参加者
４名（飯田、西村、大木、山元）

①会議のテーマ、参加者などの基本情報を書く

3. 決定事項
<作業と担当>
・ユーザーへの画面デザイン要望確認とそのためのヒアリング（西村）
・画面作成業者選定と段取り（飯田）
・顧客同意用外部仕様書作成（西村）
・画面作成委託業者への指示書作成（飯田）
・全体の作業、進捗管理（大木）

②既決事項と誰が担当するのかを書く

4. 未決事項
・作業量見積もりの担当者（○月○日まで）
・画面作成指示書の様式決定（○月○日まで）
・社内承認の担当者と段取り（○月○日まで）

③未決事項といつまでに決めるのかを書く

まとめ

①会議のテーマ、参加者などの基本情報を書く

会議の目的やテーマ、参加人数、参加者名を書きます（場合によっては発言内容、発言者名も）。

②既決事項と誰が担当するのかを書く

決まった内容（既決）、作業の担当者名を書きます。

③未決事項といつまでに決めるのかを書く

未決事項の内容（何を決める必要があるか）と完了期日（いつまでに決めるのか）を書きます。

3-6 練習問題
課題報告書を書いてみよう

用意された情報をもとに、課題報告書を書いてみましょう。

文章の前提事項

○報告者　：大野さん（システム開発課・ITエンジニア）
○報告先　：吉田さん（システム開発課長・大野さんの上司）
○報告内容　：インターネットで雑貨を販売する「e-ザッカ」社のECサイトのシステムテストのポイントと課題、解決策を報告する
○条件　：A4サイズ1枚程度の分量
○報告内容　：以下の内容を取捨選択してまとめる

課題報告書に必要な情報

○個人客向けに小物雑貨を通信販売サイトで販売するA社の「ネット雑貨販売システム」のテスト方針を報告する。
○顧客は、WebとスマホからA社販売サイトにアクセスし商品を購入する。
○購入した商品は宅配便で購入客に届けられる。
○テストのポイントは、マルチデバイスで動作が保証できるか。
○テストすべきデバイスはWebの場合はブラウザのバージョン、OSの種類、バージョンによって複数あり、スマホの場合もOSの種類、バージョンによって異なるので、どこまでの範囲でテストし、動作保証するのかをこれから決める必要がある。

○テストするデバイス、ブラウザのバージョン、OS種類、OSバージョン（以下、マルチデバイス対応）が多く、自社ですべてをテストするのは要員面、用意するデバイスに限界があり課題である。

○そこで、マルチデバイス対応は、多くのデバイスを持っており、テスト専門要員を抱えているマルチデバイステスト専門業者に委託する。

○これによって、テストのスピードアップと自社テストよりもコストを下げることを実現する。

3-7 練習問題の解説と作成例

解説

テストポイントと課題、解決策で構成します。読み手にとってはわかりやすくなるので、システムの概要も書いておくほうがよいでしょう。

①システムの特徴と概要

提示された情報から抜き出して書きます。顧客が自身のデバイスでサイトにアクセスして購入する旨を書きます。

②テストのポイント

提示された情報から抜き出して書きます。顧客のデバイスにはさまざまなものがあるので、それをどこまでテストするのか、どうやってテストするのかが論点となります。

③テストの課題と解決策

提示された情報から抜き出し、自社ですべて実施するのは要員面、デバイス準備面で難しいので、デバイスとマルチデバイスのテストノウハウがあり、テスト専門要員を持つ専門業者に委託することが得策という内容を書きます。

作成例

課題報告書

吉田システム課長

ネット販売システムのテストについて

システム開発課　大野

e-ザッカ社のネット雑貨販売システムのテストについて、ポイントと課題、解決策を報告します。

1. システムの特徴と概要

顧客は、Webとスマホからe-ザッカ社の雑貨販売サイトにアクセスし商品を購入する。購入した商品は宅配便で購入客に届けられる。

2. テストのポイント

マルチデバイス対応の動作※が保証できるか。

（※）テストすべきデバイスはWebの場合はブラウザのバージョン、OSの種類、バージョンによって複数あり、スマホの場合もOSの種類、バージョンによって異なるため。

⇒（今後の課題）どこまでの範囲でテストし、動作保証するのかをこれから決める必要がある。

3. テストの課題と解決策

a. 課題

マルチデバイス対応テストを自社ですべて実施するのは要員面、用意するデバイス面で非効率。

b. 解決策

多くのデバイスとテスト要員を抱えているマルチデバイステスト専門業者に委託。テストのスピードアップとコスト削減を図る。

第2部　実践編

第4章

顧客や社外の人とやりとりする

4-1　顧客にヒアリングする　ヒアリング依頼

4-2　システム導入の情報提供や提案を依頼する　情報提供依頼　提案依頼

4-3　顧客と解決策を議論する　顧客とのデザインシンキング実施依頼

4-4　顧客に決断させる　商談メール・文書

4-5　顧客からの依頼を断る　依頼お断りメール・文書

4-6　練習問題　提案依頼書（RFP）を書いてみよう

4-7　練習問題の解説と作成例

本章のテーマは、「顧客や社外の人とのやりとりで必要な文章」です。ヒアリング依頼、情報提供依頼、提案依頼、顧客とのデザインシンキング実施依頼、商談メール・文書、依頼お断りメール・文書の文章作成例を紹介します。

4-1 顧客にヒアリングする
ヒアリング依頼

聞きたい点を項目化、答えやすいように例を出し、困っていることも聞く

Before 修正前

業務ヒアリングのご依頼について

関東銀行（株）
融資部　富山様

ジャパンプランニング
企画部　大島

貴社から依頼を受けております「個人信用スコア型融資システム」に関する現行業務・システム、新業務・新システムのためのヒアリングを実施したいので以下の通りご依頼いたします。

記

1. 現行業務に関する内容
  a. 現行の融資業務の手順と利用しているシステムの内容
  →処理手順などの重要項目

→現状の流れについて教えてください。　③

2. 新規融資（個人信用スコア型融資）に関する内容
　a. スコアリングに使いたいデータの種類、入手先　②
　b. 現在の検討状況等
　　検討はどれくらい進んでいますでしょうか。
　　他社事例調査などは実施されているでしょうか。

ここを押さえよう！

　ビジネスをするには、多くの情報を収集する必要があります。それらの情報を使って商品やサービスを作ったり、販売するため、客先にヒアリングすることもよくあります。

　アンケートの目的は、現行業務の手順、課題であったり、新規業務の導入意向、新システムに求める機能であったりしますが、正しく内容を把握するためには、よいヒアリングを行う必要があります。

　ヒアリングの目的は情報収集ですから、聞きたい項目を工夫することと、回答しやすいように工夫することが必要になります。

　また、困っていること（課題）を聞くことも重要です。課題には、大事なビジネスのヒントが含まれるからです。

　このように、ヒアリングを目的とする文章では、次の項目を含める必要があります。

ヒアリングに必要な項目

①聞きたい内容を細分化

②回答しやすいように例を書く

③困っていることを聞く

①聞きたい内容を細分化

a. 現行の融資業務の手順と利用しているシステムの内容
→処理手順などの重要項目

入手する情報の質を高めるため、ヒアリング項目は具体的に書きましょう。この書き方では、大ざっぱな内容しか回答されない可能性が高く、効果的なヒアリングになりません。

②回答しやすいように例を書く

a. スコアリングに使いたいデータの種類、入手先

聞いている内容の意味がわかりにくく、どのように答えてよいかわからない表現になっています。回答例を書いておくと、答えやすくなります。

③困っていることを聞く

→現状の流れについて教えてください。

この記載では現状の流れだけなので不十分です。現状の流れだけを聞くのではなく、困っていること（課題）を聞くことで、より重要な情報を得ることができます。

After 修正後

業務ヒアリングのご依頼について

関東銀行（株）
融資部　富山様

ジャパンプランニング
企画部　大島

記

貴社から依頼を受けております「個人信用スコア型融資システム」に関する現行業務・システム、新業務・新システムのためのヒアリングを実施したいので以下の通りご依頼いたします。

1. 現行業務に関する内容

a. 現行の融資業務の手順と利用している情報システムの内容

①処理手順　②システム機能　③データ登録内容
④確認リスト等の内容　など別紙の一覧

b. 特に知りたい点

業務の順番、日程の関係、どの部門の誰が、何を原票に処理をされているのか。各処理の正当性は何を証跡に実施しているのかなど

（例）入力原票と処理結果を突き合わせチェックし上位職の認証を受けて保管しているなど

c. 各業務で困っていること

処理上、問題があることなどを教えてください。
（例）時間がかかる、システム化範囲が狭い、精度が低いなど

2. 新規融資（個人信用スコア型融資）に関する内容

a. スコアリングに使いたいデータの種類、入手先

（例）中国など、個人スコアを導入している海外企業にノウハウを提供してもらったり、携帯電話会社、メガバンクなどの個人

①聞きたい内容を細分化

②回答しやすいように例を記入

③困っていることを聞く

②回答しやすいように例を記入

スコアを導入している国内企業と提携してスコアデータを入手するなど

b. 新融資の検討状況と課題

新融資検討の現時点検討状況、課題について、差し支えない範囲で教えていただきたくお願いします。

③困っていることを聞く

以上

まとめ

①聞きたい内容を細分化

入手する情報の質を高めるため、ヒアリング項目をできるだけ具体的に提示。

②回答しやすいように例を記入

聞きたい内容のレベルを一定にするため、回答例を記載。どのレベルで回答してよいかが相手に伝わる。

③困っていることを聞く

困っていることは改善や製品販売、先方が望むシステムのヒントになる。

4-2 システム導入の情報提供や提案を依頼する

情報提供依頼　提案依頼

要件・要求を提示し、「いつまでに何をしてもらうか」を明確に、競合情報も書く

Before 修正前

ITテクノロジ（株）
開発部長代理　山下様

（株）山田産業
営業企画部　戸田

以下の通り、弊社導入システム（顧客情報システム）の情報提供を依頼します。

記

1. **対象システム**
   顧客管理・マーケティング分析システム

2. **開発期間**
   3月1日～12月20日（稼働）
   →この開発期間で稼働できるスケジュールについて貴社の考えを提示ください。

3. **情報提供いただきたい内容**
   顧客の購買情報管理・属性管理ができる各種機能を持ったシステム。これに関し、必要な機能、非機能面の情報提供をお願いします。 ①

4. 今後の予定
　貴社の準備が整い次第ご説明をお願いします。 ②

5. その他事項
　貴社にはよい情報・提案を期待しておりますので、ぜひ、よろしくお願いいたします。 ③

以上

ここを押さえよう！

　ビジネスでは、商品やサービスを作り上げたり、必要なシステムを導入するために、情報提供依頼や提案依頼をコンサル会社やベンダにする機会が多くあります。

　システム導入のための情報提供依頼や提案依頼の場合は、システムの機能要件、非機能要件に対する自社の要求を明確にしないと、正しい情報や提案が得られません。

　また、いつまでに何をしてもらうのか、次のステップがどう進むのかも書いておくと、相手も仕事がしやすくなります。

　さらに、何社くらいの企業に情報提供・提案依頼しているのかを書いておくと、競争原理が働くので、よい情報や提案になる可能性が高くなります。

情報提供依頼、提案依頼に必要な項目

①要件、要求
②いつまでに何をしてもらうのか
③他社との競合情報

①要件、要求

> 3. 情報提供いただきたい内容
> 　顧客の購買情報管理・属性管理ができる各種機能を持ったシステム。これに関し、必要な機能、非機能面の情報提供をお願いします。

　得たい情報や欲しい提案の質を高めるため、要件や要求は具体的に提示しましょう。

　「必要な機能、非機能面の情報提供～」というあいまいな書き方では、ピントのずれた内容になるリスクがあります。

②いつまでに何をしてもらうのか

> 4. 今後の予定
> 　貴社の準備が整い次第ご説明をお願いします。

　情報提供や提案依頼のスケジュール、締め切り、今後のステップを書く必要があります。

　「貴社の準備が整い次第～」という書き方では、いつまでに実施すればよいかわからず作業が進みません。

③他社との競合情報

> 　貴社にはよい情報・提案を期待しておりますので、ぜひ、よろしくお願いいたします。

情報提供依頼や提案依頼では、他社との競合がある場合はそれを書いておくと競争原理が働き、より深い情報や考えられた提案を得ることができます。

ここではそれが書かれていないので、相手の本気度が上がらない可能性があります。

After 修正後

ITテクノロジ（株）
開発部長代理　山下様

（株）山田産業
営業企画部　戸田

以下の通り、弊社導入システム（顧客情報システム）の情報提供を依頼します。

記

1. 対象システム
顧客管理・マーケティング分析システム

2. 開発期間
3月1日～12月20日（稼働）
→この開発期間で稼働できるスケジュールについて貴社の考えを提示ください。

3. 機能要件
顧客の購買情報管理・属性管理ができること
①顧客の購買記録から顧客ごとの嗜好を分析し、商品レコメンドができること。
②新商品投入時に、販売候補顧客にメールを送付できること。これに関する機能や付加機能に関する貴社の提案をお願いします。

①要件、要求を明確に

4. 非機能要件
①性能面で要件を満たすこと

・オンライン処理がピーク時に弊社が想定するデータ量で５秒以内に処理が完了すること。

・データ分析処理についてはデータ量と分析特性により個々に異なると思いますので、貴社から具体的な事例を提示いただきたいと思います。

②操作性が優れていること

・専門的な知識がなくてもデータ分析が可能であるツールが使えること。

③十分なセキュリティ対策が行われていること

→貴社の考えるセキュリティ対策と機能を情報提供ください。

①要件、要求を明確に

5. 今後の予定

１か月をめどにご説明をお願いします。課長の西岡、係長の山本、担当者の戸田で聞かせていただきます。

②いつまでに何をしてもらうのかを具体的に

6. その他事項

今回の情報提供依頼は、３～５社の複数社に実施する予定なので、該当システムを貴社から導入することを約束することはできませんが、貴社にはよい情報・提案を期待しておりますので、ぜひ、よろしくお願いいたします。

③他社との競合情報

以上

まとめ

①要件、要求を明確に

得たい情報や欲しい提案の質を高めるため、要件や要求は具体的に提示します。

②いつまでに何をしてもらうのかを具体的に

スケジュールや提案を受け取る立場の人の役職などを書いておきます。担当者が聞くよりも、課長や部長などの役職が高い人が聞くほうが相手は真剣になります。

③他社との競合情報

他社との競合情報として、何社くらいが競合するのかを書いておきましょう。ただし、競合が多すぎると冷やかしに見られる可能性もあるので、3～5社くらいがよいと思います。

4-3 顧客と解決策を議論する
顧客とのデザインシンキング実施依頼

検討手順、メリット、参加者条件を明確に

Before 修正前

件名：新ビジネスのアイデア発想デザインシンキングについて

（株）ネクストインシュアランス　斎藤様

ジャパンデジタルイノベーション　DXデザイン室　山元です。
情報提供依頼を受けております貴社の課題「デジタルを使って今までにない保険を世の中に出す」については、貴社と弊社で一緒にアイデア出しをすることが有効と存じます。 ①

一緒に検討をすることで、貴社の課題や解決の方向性を弊社が知ることができ、貴社への提案もより具体的になると存じます。 ②

検討会にはどのような方々にご参加いただけるでしょうか。メンバーを選定いただけたら、具体的な検討スケジュールを提示させていただきます。 ③

ここを押さえよう！

新規ビジネスを企画したい顧客企業に、コンサルティングや商品・

顧客や社外の人とやりとりする　1 2 3 4 5 6

サービスを提供したい場合は、顧客側と一緒にアイデアを出したり、ビジネス上の解決策を検討することが有効な場合が多くあります。

このような共同検討では、顧客側に「どのように進めるのか」を明確に説明し、納得してもらう必要があります。顧客は意味のない進め方で時間を浪費したくないからです。

進め方を説明する場合には、「どのようなメリットがあるか」も説明しましょう。メリットを感じれば、顧客側も喜んで協力してくれるからです。

また、検討には「誰が参加するか」も重要です。キーパーソンが参加しないと、検討結果も意味のないものになります。

したがって、顧客との共同検討提案の文章では、次の項目を含める必要があります。

顧客との共同検討提案に必要な項目

①検討の方法・手順
②進め方のメリット
③参加者の条件

①検討の方法・手順

> 情報提供依頼を受けております貴社の課題「デジタルを使って今までにない保険を世の中に出す」については、貴社と弊社で一緒にアイデア出しをすることが有効と存じます。

一緒にアイデアを出すことが有効と言っているだけでどのような方法で進めるのかが明確になっていません。

どのような方法を使って、どのような手順で進めるのかをしっかり書いておかないと、顧客側は意味がある検討になるのか、不安になってしまいます。

②進め方のメリットを書く

一緒に検討をすることで、貴社の課題や解決の方向性を弊社が知ることができ、貴社への提案もより具体的になると存じます。

一緒に検討することのメリットに具体性がなく、納得感がありません。

なぜ、一緒に検討するべきなのか、何がよいのかを明確に書く必要があります。

「顧客の業務知識、昨今の市場変化を受けた経営面の課題認識とベンダの新技術やそれを使った成功事例などを持ち寄るとアイデアが出やすい」などと書くと説得力が出ます。

③参加者の条件を書く

検討会にはどのような方々にご参加いただけるでしょうか。メンバーを選定いただけたら、具体的な検討スケジュールを提示させていただきます。

メンバー選定はとても重要です。業務知識やビジネス上の課題認識がない人を参加させてもあまり意味がないからです。

したがって、どのような部門のメンバーに参加してほしいのか条件を提示する必要があります。

After 修正後

件名：新ビジネスのアイデア発想デザインシンキングについて

（株） ネクストインシュアランス 斎藤様

ジャパンデジタルイノベーション DXデザイン室 山元です。

情報提供依頼を受けております貴社の課題「デジタルを使って今までにない保険を世の中に出す」についてですが、貴社と弊社で一緒にアイデアを出すことが有効と存じます。つきましては、以下のようなワークショップ型のデザインシンキングで進めていってはどうかと考え、提案させていただきます。

1. 検討方法

デザインシンキングを使った協創スタイル。弊社協創ルームに来ていただき、貴社と弊社のメンバー混合、6名1グループでデザインシンキングで新しい保険のアイデアを出す。

①検討の方法・手順を明確に書く

2. 協創スタイルのメリット

業務や顧客に強い貴社のメンバーとデジタル技術や世界各国のデジタル事例に強い弊社のメンバーが発想しやすい手法であるデザインシンキングで考えることにより、新しいビジネスアイデアを出しやすくする。

②進め方のメリットを書く

3. 参加者選定のお願い

営業、事務、システム、商品開発、広報などの各部門より、若手、中堅の方を中心に10名選定お願いします。若手、中堅の方に参加いただくことで、今までの常識にとらわれないアイデアが出やすくなります。

参加者を選定いただけたら、具体的な検討スケジュールを提示させていただきます。

③参加者の条件を書く

まとめ

①検討の方法・手順を明確に書く

具体的な進め方を書きます。趣旨に合わせ、どのような手法で進めていくのかを説明します。

②進め方のメリットを書く

進め方に合理性があるのか、これなら新しいアイデアが出てきそうかなど進め方のメリットを書きます。

③参加者の条件を書く

顧客の問題解決を検討するためには、多くのキーパーソンを巻き込む必要があるので、どの部門のどのような人を集める必要があるのか条件を提示します。

4-4 顧客に決断させる
商談メール・文書

条件が合わない部分、残った課題、次のステップの明確化

Before 修正前

件名：お打ち合わせ御礼の件

（株）東電工業　営業企画部　山西課長

日本銀河システム営業部の大賀です。お世話になります。

本日は、当方のシステム提案をお聞きくださりありがとうございました。

今回説明させていただいたことで、貴社のRFPで提示されていた項目はほぼ充足していると考えております。 ①

本日の最後にございました「ユーザーのデータベース検索機能の使いやすさ」という件も可能な限り工夫していく所存でございます。 ②

引き続き、提案をさせていただきますので、よろしくお願いいたします。 ③

ここを押さえよう！

ビジネス、特に営業の世界では、商品やサービスを提案してから成約に至るまでの過程で、売り込み先がYes/Noをはっきり意思表示しないことがあります。

この場合、売り手側はいつまでも提案を繰り返すことになり、最終的にNoと言われれば営業コストが回収できないだけでなく、営業担当者の精神的なダメージも大きくなります。

「なぜ決断しないのか」これには、いくつかの理由が考えられます。

顧客が決断しない理由

・購入する気持ちがない
・価格面で折り合わない
・社内説得ができない
・稟議手続きが面倒だと思っている

Yesと言わない客に決断を促すためには、「なぜ決断しないのか」の理由を探り、そこにフォーカスすることが必要です。

商談メールや文書で、顧客に決断させるためには、次の項目を含める必要があります。

顧客に決断させるために必要な項目

①条件が合わない部分

②残課題

③次のステップ

①条件が合わない部分

> 今回説明させていただいたことで、貴社のRFPで提示されていた項目はほぼ充足していると考えております。

この文章では、提案先企業にとってどの部分が条件を満たしているのか、満たしていないのか明確になっていません。

どこが条件に合っているのか、どこが合っていないのかを明確に書いて、条件が合わない部分の共通認識を持つ必要があります。

②残課題

> 本日の最後にございました「ユーザーのデータベース検索機能の使いやすさ」という件も可能な限り工夫していく所存でございます。

商談では顧客が要望する条件に合わないものには何が残っているのか（残課題）を明確にし、それが解消すれば「決断」できるのかを確認するが必要があります。

これを確認することにより、顧客側も「決断する必要がある」ことが意識できるからです。

③次のステップ

> 引き続き、提案をさせていただきますので、よろしくお願いいたします。

「引き続き提案～」では提案の終わりが明確にならず、いつまでたっても顧客は決断できませんし、商談が完了しません。

次に何をすればゴールに到着できるのかを明確にしましょう。

After 修正後

件名：お打ち合わせ御礼の件

（株）東電工業　営業企画部　山西課長

日本銀河システム営業部の大賀です。お世話になります。

本日は、当方のシステム提案をお聞きくださいましてありがとうございました。

今回提案した機能を使っていただければ、貴社にとって使いやすいシステムが実現できると考えております。

今回説明させていただいたことで、貴社のRFPで提示されていた項目は満足していると考えており、貴社の求められるニーズは満たしていると考えております。

本日の最後にございました「ユーザーのデータベース検索機能の使いやすさ」という件ですが、今回のご提案に関しては、ユーザーのデータベース検索の使い勝手に関する課題があり、これを解決できれば導入に問題ないという認識でよろしいでしょうか。

①条件が合わない部分を明確化

もし、そうでなければ、具体的に課題とされていることを明示ください。データベースの使い勝手については、残る課題を合わせて検討させていただき、再度ご提案をさせていただきたいと存じます。

②残課題の明確化

この提案で問題なければ○日までにその旨をお知らせください。また、課題を明示いただいた際には、○日までに再提案をさせていただきたいと考えております。

③次のステップの明確化

まとめ

①条件が合わない部分を明確化

どこが条件に合っているのか、どこが合っていないのかにフォーカスして、相手の考えを整理してもらう。

②残課題の明確化

条件が合わないものには何が残っていて、それが解消すればYesになるのかを相手に確認、決断を促す。

③次のステップの明確化

相手が煮え切らない態度をとれないように、次のステップを明確にする。

4-5 顧客からの依頼を断る
依頼お断りメール・文書

依頼側の「手間、面倒、デメリットになる理由」で断る

Before 修正前

件名：貴社ご要望の件につきまして

株式会社ホクリク　秋田様

（株）ガロン営業部　山口です。先日はご連絡いただき、ありがとうございました。

貴社ご要望を弊社にて検討させていただきましたが、今から追加要件をシステムに反映することは問題が多く、弊社の作業調整をすることが困難です。①

短時間での作業では品質の確保が難しく、弊社の社内基準に沿っても難しい状況です。このような事情から、今回は見送らせていただきます。②③

ご期待に添えず残念ではありますが、ご理解いただくようお願いいたします。

ここを押さえよう！

顧客からの要求は断りにくいものです。だからといって断れなければ仕事は上手くいかないことも多くあります。このため、仕事を進めていく上では、「上手く断ること」が必要になりますが、断る文章では、「断る理由」が大事です。

自分側の都合による断り理由

・「今は時間がなくて……」
・「上司からOKをもらえないので……」
・「社内基準面で難しいので……」

など、「自分側の都合」を理由にすると、顧客側は不満、不快感を持つことが多くなります。

顧客を怒らせないためには、「顧客の立場」で考えた理由を使うのが得策です。

「顧客側の理由」とは、断る理由が「顧客のデメリット」になる理由のことで、たとえば次のようなものがあります。

顧客側の理由

・顧客にも作業が発生することを伝え、顧客が「面倒だから、今回はいいか」と思える理由
・法令違反などのコンプライアンス面で問題があることを伝え、顧客が「それはまずい、やめよう」と思える理由
・顧客に「もっと簡単でメリットのある代替策」があることを伝え、顧客が「そのほうがいい」と思える理由

このように、「顧客が気持ちよく諦めたり、要求を取り下げたりするような理由」を書くことが基本です。

このように、顧客の要求を断る文章には、次の項目を含める必要があります。

顧客の要求を断る文章に必要な項目

①顧客の「手間、面倒」となる理由
②断るための「顧客側の大義名分」
③顧客に判断をさせたかたちにする

①顧客の「手間、面倒」となる理由

> 今から追加要件をシステムに反映することは問題が多く、弊社の作業調整をすることが困難です。

断るためには、顧客に「面倒、大変」と思わせることが効果的です。

「貴社の要件定義体制を強化いただくことが必要」のような記載があると、顧客の気持ちも「それは大変だから今回は仕方ないか」となる可能性が高くなります。

②断るための「顧客側の大義名分」

> 短時間での作業では品質の確保が難しく、弊社の社内基準に沿っても難しい状況です。

断る理由は、「自分側の理由＝メリットが少ない、社内基準を満たせない」というものは避けます。

「貴社に迷惑をかける懸念があるため断る」など、断るための顧客を守る大義名分を書いておくと、上手く断れる可能性が高くなります。

③顧客に判断をさせたかたちにする

このような事情から、今回は見送らせていただきます。

「見送らせていただきます」というような一方的なお断りは、顧客の不満が残ります。

「見送ることでプロジェクトリスクを排除したいと思いますが、いかがでしょうか」など、顧客に判断を委ねるようにしましょう。

After 修正後

件名：貴社ご要望の件につきまして

株式会社ホクリク　秋田様

（株）ガロン営業部　山口です。先日はご連絡いただき、ありがとうございました。

貴社ご要望を弊社にて検討させていただきましたが、今から追加要件をシステムに反映する作業を行うには、弊社はもちろん、御社の要件定義体制を強化いただくことも必要であり、その時間を確保することが困難であると判断します。

①相手の「手間、面倒」となることを書く

短時間での作業では品質の確保が難しく、貴社にご迷惑をかける懸念があります。今回は見送ることで貴社のプロジェクトリスクを排除したいと思いますが、いかがでしょうか。

②断るための「顧客側の大義名分」を書く

このような事情を考慮いただき、ご検討よろしくお願いいたします。

③相手に判断をさせたかたちにする

まとめ

①相手の「手間、面倒」となることを書く

断るためには、相手に「面倒、大変」と知らしめることが効果的です。「貴社の要件定義体制を強化いただくことも必要」のような記載があると、依頼側の気持ちも「まあ、できなくても仕方ないか」となる可能性が高くなります。

②断るための「顧客側の大義名分」を書く

「貴社に迷惑をかける懸念があるためお断りします」など、相手にとっての大義名分を使って断るようにします。

③相手に判断をさせたかたちにする

先方にお願いするかたちをとり、感情に配慮します。一方的に断るのではなく、あくまで顧客に選択権を持たせて要求を取り下げてもらえるように誘導します。

4-6 練習問題
提案依頼書（RFP）を書いてみよう

用意された情報をもとに、提案依頼書（RFP：Request For Proposal ）を書いてみましょう。

文章の前提事項

○依頼者：西田さん（東京保険　営業企画部・担当者）
○依頼先：串田さん（グローバルソルーション＝システム開発ベンダ・営業担当者）
○提案対象システム：AIOCR（人工知能を使った文字認識コード化システム）の導入に向けた製品提案依頼
○条件：A4サイズ２枚程度の分量に抑える
○提案依頼書内容：以下の内容を取捨選択してまとめる

提案依頼書に必要な情報

○提案対象システムは保険申込書自動データ入力システムAIOCR（人工知能文字認識）にて手書き文字をコード化する機能を持つ。
○開発期間は３月１日～12月20日（稼働日）だが、この開発期間で稼働できるスケジュールについては開発ベンダの考えを聞く必要がある。
○機能面では保険の手書き申込書内容をAIOCRでスキャンし、コードデータ化して、データベースに書き込みできること。文字が判別できない場合は、エラー画面を出力し、人手による正当入力が終わるまでシステムを止めておけること。読み込んだ文字を学習し、認識率を向上させていく学習機能を持たせること。その他、有効な機能がないかベンダに聞く必要がある。
○性能面では申込書をスキャナーで読み込んだ後、全文字項目の認識または認識不能の判定を5秒以内で行う。(1処理は5秒で完了すること)
○操作性が優れていることが必要で、文字認識ができない場合の手入力について、データが入力しやすいインターフェースにできること。
○個人情報を蓄積するデータベースがあるため、十分なセキュリティ対策が行われている必要がある。その他必要なセキュリティ対策についてはベンダに聞く必要がある。
○1か月後をめどに提案を受ける。提案の説明は課長の西岡、係長の山本、担当者の西田で聞く。
○今回の提案依頼は、4社の複数社に実施する予定。複数社にするのは、競争原理を働かせて、よい提案をしてほしいことと価格を抑える効果を狙うため。

4-7 練習問題の解説と作成例

解説

提案依頼書には、提案対象システムの概要、開発時期、必要であれば予算、機能要件、非機能要件、提案の段取りから選定プロセス、その他先方に伝えておくことがよい項目を記載します。

①対象システムの概要、開発期間などの基礎情報

提示された情報から抜き出し、システム概要、特徴、開発時期などを書きます。

②機能要件

提示された情報から抜き出し、何をするためのシステムで、どのような機能が欲しいかを書きます。具体的に書くと、提案内容の質が高まります。

③非機能要件

提示された情報から抜き出し、1処理あたりの処理時間要件などを書きます。

④今後の予定

提案時期、誰が説明を受けるかなどを書きます。

⑤その他、提案依頼先に伝えるべきこと

提示された情報から抜き出し、競合の数などを書いておくと、提案する側の力も入りますし、ライバル社を意識して価格が下がる効果もあります。

作成例

提案依頼書

グローバルソリューション
営業部　串田様

東京保険　営業企画部　西田

以下の通り提案を依頼します。

記

1. **対象システム**

保険申込書自動データ入力システム
⇒AIOCR（人工知能文字認識）にて手書き文字をコード化する機能を持つ。

2. **開発期間**

3月1日～12月20日（稼働日）
⇒この開発期間で稼働できるスケジュールについて貴社の考えを提示くださ

い。

3. 機能要件

①保険の手書き申込書内容をAIOCRでスキャンし、コードデータ化してデータベースに書き込みできること。

②文字が判別できない場合は、エラー画面を出力し、人手による正当入力が終わるまでシステムを止めておくこと。

③読み込んだ文字を学習し、認識率を向上させていく学習機能を持つこと。

④その他、当システムに有効な機能を提案願います。

4. 非機能要件

①性能面で要件を満たすこと

・申込書をスキャナーで読み込んだ後、全データの認識または認識不能の判定を5秒以内で行うこと。

②操作性が優れていること

・文字認識ができない場合の手入力について、データが入力しやすいインターフェースであること。

③その他セキュリティ対策が施されていること

・個人情報を蓄積するデータベースシステムのため、十分なセキュリティ対策が行われていること。

⇒貴社の考えるセキュリティ対策と機能を情報提供ください。

5. 今後の予定

1か月をめどに提案をお願いします。提案の説明について当方は課長の西岡、係長の山本、担当者の西田で聞かせていただきます。

6. その他事項

今回の情報提供依頼は、4社に実施しておりますので、該当システムを貴社から導入することを約束することはできませんが、この分野でのトップベンダである貴社にはよい提案を期待しておりますので、よろしくお願いいたします。

以上

第2部　実践編

第5章

アイデアや企画を考える・提案する

本章のテーマは、「アイデアや企画を考える・提案するために必要な文章」です。情報提供依頼メール・文書、業務改善企画書、業務メール・文書、新規ビジネス企画書の他、Slackなどのチャットスタイルの文章作成例も紹介します。

5-1 企画に必要な情報を社外から収集する

情報提供依頼メール・文書

多くの情報源に、定期的に協力を依頼できる関係を構築する

Before 修正前

件名：教えていただきたいことがあります

ジャパンコンサルティング　戸田様

株式会社エルシーの丸内です。

当方では新規ビジネス企画、それにともなうシステム調達に必要な情報として、デジタルトランスフォーメーション（DX）の最新事例、成功のコツなどの情報を求めておりますが、貴社にそのような情報がありますでしょうか。
あれば教えていただきたいと考えています。 ①

なお、ここで情報収集した内容がシステム化につながるかは現時点で明確でなく、あくまで勉強の範囲での情報収集になりますので、気軽な ②

気持ちで対応していただいてかまいません。」

何でも結構ですので、DXに関する情報をいただけると助かります。」─③

ここを押さえよう！

仕事を進めるのに欠かせない要素として「情報収集」があります。情報を上手く収集し、自分のものにすることで、仕事が成功する可能性が高まります。

情報収集が役に立つのは、「すでに世の中にあるものを少し変えて模倣する」ことが仕事では重要な成功要因だからです。新しいことをゼロから考え出すのはとても難しい作業ですが、すでにあるものを組み合わせることはさほど難しいことではありません。

大量の情報をどう組み合わせたら成功モデルになるのかを効率的に分析することが、企画の仕事が上手くいくポイントです。

このように、情報収集のための文章では、次の項目を含める必要があります。

情報収集のために必要な項目

①日頃から情報収集できる協力関係
②相手が情報を出すメリット
③情報源の得意、専門分野を把握

①日頃から情報収集できる協力関係

> 当方では新規ビジネス企画、それにともなうシステム調達に必要な情報として、デジタルトランスフォーメーション（DX）の最新事例、成功のコツなどの情報を求めておりますが、貴社にそのような情報がありますでしょうか。
> あれば教えていただきたいと考えています。

思いつきで情報収集のお願いをするのではなく、定期的に情報収集できるような協力依頼をする必要があります。

たとえば、「情報を提供いただける企業様募集」といったかたちで、情報を収集できる企業をいくつも作っておくことが効果的です。

②相手が情報を出すメリット

> なお、ここで情報収集した内容がシステム化につながるかは現時点で明確でなく、あくまで勉強の範囲での情報収集になりますので、気軽な気持ちで対応していただいてかまいません。

相手が情報を出すことでビジネスになることをしっかり書いておかないと、相手は本気で情報を出してくれません。

「勉強の範囲なので、気軽に対応してもらって結構」というのはよくない書き方です。「協力いただけたら、優先的に商談をする」等のメリットを書いておきます。

③情報源の得意、専門分野を把握

何でも結構ですので、DXに関する情報をいただけると助かります。

「何でも結構～」とありますが、いい加減な情報がたくさん集まっても意味がありません。

あくまで、専門家、プロの情報を集める必要があります。

そのためには、どの分野の情報をどの企業が持っているのかを把握し、質の高い情報を効率的に収集する必要があります。

After 修正後

件名：情報を提供いただける企業様募集

ジャパンコンサルティング　戸田様

株式会社エルシーの丸内です。

当方では今後の新規ビジネス企画、それにともなうシステム調達に必要な情報を定期的に収集したいと考えています。

⇒たとえば、デジタルトランスフォーメーション〈DX〉などの最新事例、成功のコツなど

そこで、当方の情報提供依頼に応じていただける企業様を募集いたします。

①日頃から情報収集できる協力関係構築を依頼

なお、ここで情報収集した内容をもとに翌年度予算の策定をいたします。また、実際のシステム調達にあたっては、協力いただいた会社様に優先的に提案依頼書を送付いたします。ただし、あくまで調達を約束するものではないことを含みおきください。

②相手が情報を出すメリットを提示する

提案依頼は、複数の会社様に同時に送付することがあります。また、各会社様の提供いただいた情報が当方からの発注につながらない場合でも、弊社のビジネスの関心事が貴社ビジネスに有効なヒントになると考えます。

これらをご理解の上、趣旨賛同いただける場合は、貴社担当者様、得意分野などをご回答ください。

③情報収集元の得意、専門分野を把握しておく

まとめ

①日頃から情報収集できる協力関係

いつでも、定期的に情報を収集できるようにあらかじめ相手に協力を依頼するかたちにするといろいろなことを聞きやすくなります。

②相手が情報を出すメリットを提示する

相手が情報を出すことによってメリットがあると感じる内容を書いておくことで、情報の量と質が高まります。

③情報源の得意、専門分野を把握しておく

企業によって、得意分野、専門分野があります。情報収集する場合に、どのテーマをどの会社にするのかを判断するため、専門、得意分野を聞くようにします。

5-2 業務改善の企画を考える
業務改善企画

専門家などの意見、実験結果、利害関係者の声が説得力を高める

Before 修正前

件名：新しいシステムの企画について

関係者各位

お世話になります。IT企画部の大野です。
当行の課題である、支店内の投資信託商品（投信）販売のセールスプロセスについて、新しいモデルを考えてみました。

当行の販売員の多くは経験年数が少ないため、投信に関する知識と販売ノウハウが足りません。

そこで、知識と販売ノウハウ不足を補うため、顧客に資産構成、投資ニーズ、家族構成、年収等の質問をして、その結果をシステムに入力していくと、投信説明話法が展開する機能を採用するのがよいのではないかと考えます。

これから、他社事例などを調べていきますが、このような機能は当行独自なものとして差異化できると思います。 ①

この機能を全支店で導入すれば、当行の投信の販売効率が向上する仕掛けになります。 ②

支店の販売員にも、役に立つ機能として評価されることと思います。 ③
いかがでしょうか。ご意見いただけますようお願いします。

ここを押さえよう！

仕事をしている人なら、仕事で思いついた仕事の改善（業務改善企画）を通して業務をよくしていくことが求められます。これには上司、関係部門など、多くの人に業務改善企画を説明し説得する必要があります。

同様の事例がすでにあるか、それは上手くいっているか、専門家（コンサルタントなど）の意見（記事、コメント）や、実証実験ができればその結果など、現場や取引先、客先など利害関係者の声を使って業務改善企画成功の可能性を書かないと、説得力が弱い文章になります。

このように、業務改善企画を通すための文章では、次の項目を記載すべきです。

業務改善企画に必要な項目

①他社事例・専門家などの意見

②実証実験の結果

③利害関係者の声

①他社事例・専門家などの意見

これから、他社事例などを調べていきますが、このような機能は当行独自なものとして差異化できると思います。

提案するアイデアが広く世間に話題になっていることや、専門家の注目度などを示すことは、説得力を高めるために有効です。

しかし、この文章にはそれがないので、説得力のない文章になっています。

②実証実験の結果

この機能を全支店で導入すれば、当行の投信の販売効率が向上する仕掛けになります。

成功を確信できる計数的情報がない企画に賛成することはできません。

有効なのは、小規模でもいいので実証実験し、その結果を説得材料に使うことです。

③利害関係者の声

支店の販売員にも、役に立つ機能として評価されることと思います。

実際に現場に聞いてみることも説得力を高めるために有効です。

利害関係者は非協力的なのか、ぜひやってみたいと思っているのか、中立な立場なのかなどを調査して、業務改善企画書に入れるようにします。

実際に行動する現場の人がどのように思うかは、意思決定上のポイントになります。

After 修正後

件名：新しいシステムのアイデアについて

関係者各位

お世話になります。IT企画部の大野です。

当行の課題である、支店内の投資信託（投信）販売のセールスプロセスについて、新しいモデルを考えてみました。

当行の販売員の多くは経験年数が少ないため、投信に関する知識と販売ノウハウが足りません。

こういったことは、他の銀行でも課題になっており、マニュアルの整備、システムへの販売ガイダンス機能搭載などが実施されていることを、ビジネス誌の情報やコンサルタントからのヒアリングで確認しています。

①他社事例・専門家などの意見を示す

当行でも、経験不足を補いながら均質的な販売を行うために、顧客の資産構成、投資ニーズ、家族構成、年収等の質問をして、その結果をシステムに入力していくと、投信説明話法が展開する機能を採用するのがよいのではないかと考えます。

早速、当行C支店に行って、経験年数が少ない販売員6人に試作品のシステム販売ガイダンス機能を使って顧客にアプローチしてもらっ

②実証実験の結果を示す

たところ、成約30%増との結果が出ました。

また、アンケートによる調査では、販売員、支店長にも評判がよいという結果になりました。
（アンケート結果別途送付）

③利害関係者の声を示す

いかがでしょうか。ご意見いただけますようお願いします。

まとめ

①他社事例・専門家などの意見を示す
事例の成功要因分析や専門家の見解などを書いておくと、客観性が高まり、説得力が増します。

②実証実験の結果を示す
実証実験をしてその結果を示すと、説得力が増します。

③利害関係者の声を示す
現場の担当者、管理者の声を記載しておくと、説得力が増します。

5-3 自分の考えで上司を説得する
説得メール・文書

「上司の立場で気になるところ」にフォーカスする

Before 修正前

件名：新パッケージシステムの企画について

システム開発部　佐藤課長

第１開発課の里です。本日の会議では、私の企画をお聞きいただいた上に、コメントもいただきましてありがとうございました。 ①

今後、課長の指摘事項の解決策を具体化していきます。 ②

今回ご提案した企画は、当社初の大型プロジェクトとなりますので、慎重な判断が必要なのはよくわかっております。とはいうものの、当社も新しいビジネスモデルを必要としていると思います。再度ご検討いただくようお願いします。 ③

ここを押さえよう！

上司を説得する（No⇒Yes）文章では、最初に「No」にフォーカスすることが大事です。

上司の立場で反対するポイントは、上司の立場や経験によって異なるので、情報収集をすることが欠かせません。たとえば、新規システムを導入して新業務をしたいという企画を考えた場合でも、次のような「反対する論点」があります。

上司が反対する論点

- 新規業務は収益性が低いのでは？
- 自社で準備できないのでは？
- 使えるシステムにならないのでは？
- システム操作が難しいのでは？
- コストに対する効果が出ないのでは？
- コストがかかりすぎるのでは？
- 予定期日までに完成しないのでは？

反対する上司には「理由」があるので、理由を分析し、上司が納得する対策を記載することが必要です。理屈は問題ないのに反対する上司には、熱意を伝えることも有効です。

人は論理だけでは動かないことも多くあります。「新しい企画を実現し、会社をよくしたい」といった熱意が上司を動かすことも多くあるのです。

このように、説得する文章では、次の項目を含める必要があります。

上司を説得するために必要な項目

①上司が反対する論点を明確化

②具体的な対策を書く

③熱意を見せる

①上司が反対する論点を明確化

私の企画をお聞きいただいた上に、コメントもいただきましてありがとうございました。

反対している上司には「理由が何か」を探し対策する必要がありますが、この文章では理由にフォーカスしていません。

②具体的な対策を書く

今後、課長の指摘事項の解決策を具体化していきます。

相手の反対の論点を明確化したら、それを解決することを明確に書く必要がありますが、この文章には記載されていません。

どのような方法で解決していくのか、その方法を書いておくようにします。

③熱意を見せる

慎重な判断が必要なのはよくわかっております。とはいうものの、当社も新しいビジネスモデルを必要としていると思います。再度ご検討いただくようお願いします。

説得には熱意も必要ですが、この文章にはあまり熱意を感じられません。

自分がどのように企画を考えて進めていこうとしているのか、現状にどのような問題意識を持っているのか、などを書き、どうしてもこの企画を進めていきたいという熱意を見せることが必要です。

After 修正後

件名：新パッケージシステムの企画について

システム開発部　佐藤課長

第1開発課の里です。本日の会議では、私の企画をお聞きいただいた上に、コメントもいただきましてありがとうございました。

課長のご指摘である、

「商品コンセプトがあいまいな上に新しい市場に参入するノウハウが今の当社にはないので、金銭的・人的資源を投入するわりにはリターンが少ないのではないか」

①上司が反対する論点を明確化

という考えの趣旨は理解いたしました。今回ご提案した企画は、当社初の大型プロジェクトとなりますので、慎重な判断が必要なのはよくわかっております。とはいうものの、当社も新しいビジネスモデルを必要としていると思います。ならば、

(1) 商品コンセプトを明確にする
(2) 新市場に参入するノウハウに関する対策を検討する
(3) 金銭的・人的資産に配慮する

②具体的な対策を書く

というようなかたちで、新規ビジネスリスクをできるだけ削減させる方向で検討いたします。

今回の企画の問題点は1つ1つ洗い出し、解決していくことができ

③熱意を見せる

ると思います。この挑戦をわれわれ中堅社員はしていかなくてはならないと思っております。」

　どうぞ、再度ご検討いただきたく、企画の再提案の説明会に参加いただきたいと思います。1週間後をめどに実施したいと思っております。後ほど、日程調整をさせていただきたいので、お願いします。

まとめ

①上司が反対する論点を明確化

反対論点を明確化し、上司との共通認識とします。

②具体的な対策を書く

何をすれば、No⇒Yesになるのかを明確化し、上司と合意します。

③熱意を見せる

上司の気持ちに訴える熱意を示す文章を書きます。

5-4 新しいビジネスを企画する
新規ビジネス企画

差別化ポイント、事業性判断材料、準備ができそうかの判断材料を書く

Before 修正前

外国人旅行者向け「体験型商材」ビジネス企画書

企画部　岸井

〈ハイレベルプラン〉
- 訪日外国人旅行者向けに商品を販売。
- 銀座や浅草にショップを開店し外国人が好むような商材を販売。
- 化粧品、衣料品、生活雑貨、地方民芸品などが商材候補。
- 外国人旅行者を扱う旅行会社と提携し、ショップに誘導。

①

〈事業性判断要素〉
- 外国人旅行者向けの体験型商材は好調。
- 陶芸、絵付け、座禅、滝修行など体験型商材の販売件数は増加。
  ――かなりの売上が見込めると思われる。
- 京都、奈良などでは類似の体験型商材（コスプレ）を提供するショップが増えている。好調な様子。

②

〈事業における準備物＝事業の開始しやすさ〉
- ショップに用意するものは、あまりなく、すべて普通に準備できるものなので、事業開始は難しくないと思われる。
- オペレーションもレンタル業者のモデルが応用できるので、難しいものはない。

③

ここを押さえよう！

新しい事業、ビジネスを考えた結果である新ビジネスの企画では新規事業やビジネスのアイデアを周囲に説明し、詳細検討に進んでよいかを問う必要があります。

このような企画書では、次の項目を含める必要があります。

新規ビジネス企画に必要な項目

①ビジネスアイデア

―― 誰に何を売るか

②差別化ポイント

―― 他の類似ビジネスと異なる
「売り（セールスポイント）」は何か

③事業性を判断できる材料

―― 類似事例の状況

―― アンケート結果（市場調査）など

④事業開始におけるハードル（準備のしやすさ）

―― 設備、装備

―― オペレーション（業務手順）など

―― ICT（システム、スマホアプリなど）

①ビジネスアイデア ②差別化ポイント

〈ハイレベルプラン〉

- 訪日外国人旅行者向けに商品を販売。
- 銀座や浅草にショップを開店し外国人が好むような商材を販売。
- 化粧品、衣料品、生活雑貨、地方民芸品などが商材候補。
- 外国人旅行者を扱う旅行会社と提携し、ショップに誘導。

新ビジネスの企画で重要なことは、「他のビジネスとどこが違うのか」という差別化ポイントです。

外国人に商品を売るビジネスは他にも数多くあるからです。しかしこの文章では「外国人が好む商品を売る」としか記載されておらず、差別化ポイントがありません。

これでは新ビジネスが競争に勝てるのか判断できません。しっかり、差別化ポイントを書けないと企画書としては説得力がありません。

③事業性を判断できる材料

〈事業性判断要素〉

- 外国人旅行者向けの体験型商材は好調。
- 陶芸、絵付け、座禅、滝修行など体験型商材の販売件数は増加。
  ——かなりの売上が見込めると思われる。
- 京都、奈良などでは類似の体験型商材（コスプレ）を提供するショップが増えている。好調な様子。

企画書には事業性を判断できる材料が必要です。これを見て事業を検討すべきかを判断するからです。

しかし、この文章は「かなりの売上が見込めると思われる」「好調な様子」などと根拠のない記載があります。これでは企画として先に進めません。

④事業の開始しやすさ

〈事業における準備物＝事業の開始しやすさ〉

●ショップに用意するものは、あまりなく、すべて普通に準備できるものなので、事業開始は難しくないと思われる。

●オペレーションもレンタル業者のモデルが応用できるので、難しいものはない。

新事業を開始するにあたり、何を準備すればよいか、そのハードルの高さ、低さは事業開始の判断に大きく影響します。

しかしこの文章では、大ざっぱに「難しくない」とだけしか書いていません。

これでは、本当に開始できるのか、リスクはないのかの判断ができません。

After 修正後

外国人旅行者向け「体験型商材」ビジネス企画書

企画部　岸井

〈ハイレベルプラン〉

●訪日外国人旅行者向けに体験型商材を販売。

●銀座や浅草にショップを開店し外国人にコスプレ商材を販売。
●外国人はコスプレのまま銀座や浅草で買い物。
●最初と最後に写真・動画撮影（プロカメラマン）。

〈差別化ポイント（オリジナルな点）〉
●外国人旅行者にお土産品、日常品を販売することではもはや他のショップと差別化できない。
●外国人が好む日本的体験型商材に勝機あり。
—— サムライコスプレ
—— ニンジャコスプレ
—— ヒメコスプレ
●コスプレ写真・動画をSNSに投稿する体験型商材。

①ビジネスアイデアの差別化ポイントを明確に書く

〈事業性判断要素〉
●外国人旅行者向けの体験型商材は好調。
●陶芸、絵付け、座禅、滝修行など体験型商材の販売件数は増加。
—— 1年間で売上50%向上
●外国人旅行者1,000人のアンケート
—— 日本のサムライ、ニンジャ、ヒメの衣装に興味がある、着たいとの回答は80%以上
●京都、奈良などでは類似の体験型商材（コスプレ）を提供するショップが100以上。売上も70%増。

②事業性を判断できる材料を書く

〈事業における準備物＝事業の開始しやすさ〉
●ショップに用意するものは、店舗、衣装、カメラ、プリンターなどで特別なものはなし。
●オペレーションは予約受付、衣装割り付け、写真・動画撮影であり、特別なものはなし。

〈準備するICT（システム面）〉
●スマホによる予約システム。
●料金支払いシステム→クレジットカード、スマホ決済などが使えるもの。

③事業の開始しやすさを書く

まとめ

①ビジネスアイデアの差別化ポイントを明確に書く

企画する新規ビジネスが他のビジネスと何が違い、どこが訴求ポイントになるのか書きます。

②事業性を判断できる材料を書く

事業性があるのか判断できる材料を書きます。類似事例、アンケート結果など、読み手に「これはヒットしそうだ。上手くいくかもしれない」と思わせるような説得材料を書きます。

③事業の開始しやすさを書く

事業を開始するハードルの高さ、低さは企画本格検討の判断材料になります。

5-5 ブレストする、アイデアを出し合う

Slackなどのチャットスタイル

グランドルールを決める。呼び水を用意する。意見・アイデアにはすぐ反応

Before 修正前

ブレスト用ルーム（参加者20人）

2020年2月17日（月）

東川（higasikawa）13:12

新しい保険ビジネスアイデアのネタ出しをします。メンバーならどなたでも書き込みできます。

皆さんの自由な意見、アイデアをどんどん書いてください。 ①

誰か最初にアイデアを出してくれませんか？　よろしくお願いします。 ②

2020年2月17日（月）

後藤（GOTO）13:20

最初はなかなかハードルが高いです。どういうアイデアを書いてよいのか迷います。

2020年2月20日（木）

東川（higasikawa）11:30

とにかく何でもよいので出してみましょう。 ③

ここを押さえよう！

仕事のアイデア出しなどで、Slackなどのチャットアプリを使ってオンライン上でブレーンストーミング（ブレスト：意見の出し合い）をすることがよくあります。

このようなブレストでは、事前に注意すべき点を設定しておく場合があり、それをグランドルールと呼びます。アイデア出しの場合、たとえば次のようなものです。

アイデア出しのグランドルール

1. 他人のアイデアの批判はしない。
2. 他人のアイデアに乗っかる。
3. 消費者の視点で面白いと思うものを考える。会社の視点では考えない。
4. 他人のアイデアでよいものには、「いいね」と惜しみなく反応する。
5. 他の記事などを積極的に引用する。

これはオンライン上だけでなく、対面でのリアルブレストやアイデア出し会議でも同様です。しかし、オンライン上のブレストやアイデア出しでは、よりこれらルールの順守を徹底しないと、意見が出ず、ブレストやアイデア出しが上手くいきません。

このため、オンライン上でブレストや意見出しをする際の文章では、次の項目を含める必要があります。

ブレスト、アイデア出しに必要な項目

①グランドルール

②呼び水となる記事、意見

③他の人から出た意見やアイデアにはすばやく反応

①グランドルール

> 皆さんの自由な意見、アイデアをどんどん書いてください。

「自由に意見、アイデアを出してください」と書くと、いろいろな雑多な意見、アイデアが出てきて収拾がつかなくなります。

また、他人の意見やアイデアを批判する人も出てきて、ブレストが荒れることがあるため、グランドルールを最初に書いておく必要があります。

②呼び水となる記事、意見

> 誰か最初にアイデアを出してくれませんか？　よろしくお願いします。

最初は、意見やアイデアがなかなか出ないものです。そこで、面白い、参考になる記事や文献を紹介したり、自分の意見を最初に出したりして呼び水にすることが必要です。

③他の人から出た意見やアイデアにはすばやく反応

2020年2月17日（月）

後藤（GOTO）13:20

最初はなかなかハードルが高いです。どういうアイデアを書いてよいのか迷います。

2020年2月20日（木）

東川（higasikawa）11:30

とにかく何でもよいので出してみましょう。

意見が出てから3日もたって反応しても、盛り上がりません。このような運営ではブレストやアイデア出しは上手くいきません。

After 修正後

ブレスト用ルーム（参加者20人）

2020年2月17日（月）

東川（higasikawa）13:12

新しい保険ビジネスアイデアのネタ出しをします。メンバーならどなたでも書き込みできます。

○グランドルールは以下の通り。

1. 他人のアイデアの批判はしない。
2. 他人のアイデアに乗っかる。
3. 消費者の視点で面白いと思うものを考える。会社の視点では考えない。
4. 他人のアイデアでよいものには、「いいね」を惜しみなく出す。
5. 他の記事などを積極的に引用する。

①グランドルールを書く

他にも「アイデア出し、豊かな発想にはこんなことが必要」というのがあれば出してください。

2020年2月17日（月）

東川（higasikawa）13:20

私のアイデアは以下。

「自動車にセンサーを付け、安全運転をするとポイントが付与され、一定ポイントになると無料クーポンがスマホに送られ、コンビニでドリンクやおにぎり、スイーツと交換できるサービス」

〈メリット〉

・安全運転になる。

・コンビニでクーポンを使うことで適度に休憩をとることができる。

・コンビニは客が増える　など

こんなサービスよいと思いませんか？

②呼び水となる記事、意見を書く

2020年2月17日（月）

後藤（GOTO）13:25

面白いですね。このサービスに登録しているドライバー間で競争をしたら面白いのでは？

安全運転ポイントの全国ランクや月間表彰、年間表彰など。自動車会社にスポンサーになってもらって商品を出してもらうなど。

2020年2月17日（月）

東川（higasikawa）13:30

それ面白いです。いただきます。アイデアに追加します。

③他の人から出た意見やアイデアにはすばやく反応

まとめ

①グランドルールを書く

アイデア出しのグランドルール（推奨事項、禁止事項）を書いておきます。

②呼び水となる記事、意見を書く

どのようなことをアイデアとして書いてよいかわからず、意見やアイデアを出すのをためらう人もいるので、ネタとなる記事や自分のアイデアを書いて呼び水にします。

③他の人から出た意見やアイデアにはすばやく反応

他の人から意見やアイデアが出てきたら、できるだけすぐに反応しましょう。これを心がけることで、さらなる意見、アイデアが出やすくなります。

5-6 練習問題
新規ビジネス企画書を書いてみよう

用意された情報をもとに、新規ビジネス企画書を書いてみましょう。

文章の前提事項

○企画者：東田さん（カグヤ　企画部・担当者）
○提案先：大島さん（カグヤ　商品サービス企画課長）
○企画内容：若者・単身者・共働き夫婦向けの家具サブスクリプション（買い取りでなくレンタル）サービスの企画書
○条件：プレゼンスライド４枚程度の分量
○企画書の内容：以下の内容を取捨選択してまとめる

新規ビジネス企画書に必要な情報

○引越しが多い若者や単身者、夫婦共働き家族向けに家具をレンタル型（月3,000円のサブスクリプション）でサービス提供する。
○引越しが多いと家具の運搬コストが高いため、このペインポイント（困っている点）を埋めるサービス。不動産賃貸業と提携し紹介してもらい、客はスマホで申し込み、２年契約で利用。転居時は契約終了または買い取り。家具が気に入らない場合は１回のみ無料交換可能。
○競合の家具レンタルサービスと比較して価格を安くする。（業界最安値レベル）

○デザインを学んだスタッフが、居住者の好みやイメージに合わせ、家具をトータルコーディネート。気に入らない場合は1回のみ無料で交換。再度交換したい場合は有料。家具の選択はスマホで簡単に実施。バーチャルリアリティを使い、実際に部屋に家具を設置した状態を事前に確認可能。

○類似サービスは海外では数百の実績。国内では家具家電付マンションは好調で最近成長傾向。（利用売上は年20%ずつ成長）

○家具付マンションの利用者100人に聞いたところ、買ったり、引越しのときに面倒なので借りたほうが楽でよいという意見が90%を超える。不動産賃貸業A社によると、家具の準備や引越しが面倒なので妥当な価格のレンタルサービスがあれば使いたいと言う声が多い。（約500人に聞いたところ月3,000円なら借りたいとの声が80%）

○家具の販売、レンタルを手掛ける当社は、サブスクリプション型の家具サービスを実施するノウハウ、設備、資材がありハードルは高くない。オペレーションの予約受付、家具割り付け、家具の配送、引き取りなどもハードルは高くない。準備するシステムはスマホによる予約システムと部屋に合わせ家具を選ぶバーチャルリアリティを活用した機能。ノウハウを持つ業者に提案依頼したところ、実現可能との回答であり、ハードルは高くない。

5-7 練習問題の解説と作成例

解説

新規ビジネス企画書には、商品やサービスの概要、差別化ポイント、事業性判断材料、準備のしやすさなどを書きます。これらの項目が書かれていることで、現実的な企画なのか、そうでないかが判断できるからです。

①ハイレベルプラン

提示された情報から抜き出し、商品やサービスの概要、特徴、販路などを書きます。

②差別化ポイント

提示された情報から抜き出し、他のサービスと何が違うのか、何が売りなのかを書きます。

③事業性判断材料

提示された情報から抜き出し、事業として成功しそうか、リスクはないかなどを判断できるような情報を書きます。

④準備のしやすさ

提示された情報から抜き出し、自社のノウハウが生かせる、すでに類似ビジネスをしており、事業を開始することに高いハードルがないなど、準備のしやすさの観点を書きます。

作成例

新規ビジネス企画書

独身者、単身者、共働き夫婦向け
家具サブスクサービスの企画書

企画部
東田

〈ハイレベルプラン〉

●引越しが多い若者や単身者、夫婦共働き家族向けに家具をレンタル型(月3,000円のサブスクリプション) でサービス提供する。
⇒引越しが多いと家具の運搬コストが高い

●不動産賃貸業と提携し紹介してもらい、客はスマホで申し込み2年契約で利用。

●転居時は契約終了または買い取り。

●家具が気に入らない場合は1回のみ無料交換可能。

〈差別化ポイント (オリジナルな点)〉

●競合の家具レンタルサービスと比較して価格が安い。
⇒業界最安値レベル

●デザインを学んだスタッフが、居住者の好みやイメージに合わせ、家具をトータルコーディネート。

●気に入らない場合は1回のみ無料で交換。再度交換したい場合は有料。

●家具の選択はスマホで簡単に実施。バーチャルリアリティを使い、実際に部屋に家具を設置した状態を事前に確認可能。

〈事業性判断要素〉

●類似サービス

⇒海外では数百の実績。国内では家具付マンションは好調で成長傾向にある

⇒利用売上は年20%ずつ成長

●利用者アンケート

⇒家具付マンションの利用者100人に聞いたところ、買ったり、引越しのときに面倒なので借りたほうが楽でよいという意見が90%

●見込み客の声

⇒家具、家電の準備や引越しが面倒なので、妥当な価格のレンタルサービスがあれば使いたいと言う声が多い　(不動産賃貸業A社調査結果)

⇒約500人に聞いたところ月3,000円なら借りたいは80%

〈事業における準備物＝事業の開始しやすさ〉

●家具の販売、レンタルを手掛ける当社は、サブスクリプション型の家具サービスを実施するノウハウ、設備、資材がありハードルは高くない。

●オペレーションは予約受付、家具割り付け、家具の配送、引き取りなどもハードルは高くない。

●スマホによる予約システムと部屋に合わせ家具を選ぶバーチャルリアリティを活用した機能が必要。

⇒ノウハウを持つ業者に提案依頼したところ、実現可能との回答であり、ハードルは高くない。

第2部　実践編

第6章

相手に配慮した円滑な社内コミュニケーション

6-1　他部門の人に依頼する　作業協力依頼メール・文書

6-2　後輩や部下をほめてやる気にさせる　指導メール・文書

6-3　感謝の気持ちを伝える　お礼メール・文書

6-4　仕事の指示をする　作業指示

6-5　同じ目的・考えの仲間を増やす　協業誘いメール・文書

6-6　練習問題　作業指示書　を書いてみよう

6-7　練習問題の解説と作成例

本章のテーマは、「相手に配慮した円滑な社内コミュニケーションで必要な文章」です。作業協力依頼や仕事の指示、お礼のメール・文書、作業指示書などの文章作成例を紹介します。

6-1 他部門の人に依頼する
作業協力依頼メール・文書

依頼する理由とメリットを訴求する

Before 修正前

件名：システム設計協力依頼の件

第３システム課　勝野課長補佐

第２システム課　田村です。
現在、センダイ（株）向けのシステム設計を行っていますが、難しい設計部分があり、進捗が遅れ気味です。 ①

そこで、この分野の専門家である勝野課長補佐にご協力いただきたく連絡させていただきました。
一緒にご検討いただけることで、昨年からの懸案であるセンダイ（株）のシステム導入もスムーズに進みます。 ②

このような事情により、ぜひ次回のミーティングからご参加いただけますようお願いします。なお、詳しい資料・方針については、別途お話させていただきます。 ③

ここを押さえよう！

　ビジネスでは、協業が必要な局面が多々あります。他人に作業を頼んだり、知恵を貸してもらったりするために協力のお願いをするには相応の工夫が必要です。
　頼み方が悪いと相手の気分を害してしまい、助けてもらうことができません。上手い頼み方をすれば、相手も気持ちよく仕事を手伝ってくれるので、仕事が進む可能性も高くなるのです。
　そこで、仕事を頼む、協力をお願いする文章には、次の項目を含めるとよいでしょう。

作業協力依頼に必要な項目

①協力してほしい理由
②相手の気持ちに訴求する言葉
③「協力するメリット」または「協力しないデメリット」

①協力してほしい理由

> 難しい設計部分があり、進捗が遅れ気味です。

　難しくて進捗していないシステム設計について協力をしてほしいとだけ書かれても、どうして協力しなくてはいけないのかがわかりませんし、納得できません。

②相手の気持ちに訴求する

> そこで、この分野の専門家である勝野課長補佐にご協力いただきたく連絡させていただきました。
> 一緒にご検討いただけることで、昨年からの懸案であるセンダイ（株）のシステム導入もスムーズに進みます。

「なぜ、自分でないといけないのか」という気持ちに訴求する文章になっていません。

「あなただからやってほしい」「あなたにしかできない」といった相手の気持ちに訴求する内容を書くことが有効です。「そうか、それなら協力するか」と思わせる効果があるからです。

③「協力するメリット」または「協力しないデメリット」

> このような事情により、ぜひ次回のミーティングからご参加いただけますようお願いします。

このプロジェクトに参加しても、メリットとなる事項が書かれていないので、協力するインセンティブ（動機付け）がありません。人が動くためにはインセンティブが必要です。

具体的には、査定アップ、給与が上がるなどの金銭的報酬、新しい面白い仕事ができる、自分の能力が上がるなどの心理的報酬などの「人を動かす」報酬を適切に提示する必要があります。

After 修正後

件名：システム設計協力依頼の件

第３システム課　勝野課長補佐

第２システム課　田村です。

現在、センダイ（株）向けのシステム設計を行っていますが、難しい設計部分があり、進捗が遅れ気味です。

そこで、この分野の専門家である勝野課長補佐にご協力いただきたく連絡させていただきました。

大野システム部長からは、第２システム課、第３システム課全体で、問題解決を行うよう指示されており、精密機械管理のシステム設計で多くの経験と実績を持つ勝野課長補佐の参加がないと、設計が前に進みません。

①協力してほしい理由を書く

また今回、複数の若手エンジニアも設計を担当しております。若手の後学のため勝野課長補佐のご経験を踏まえた設計内容と、その根拠などをぜひとも聞かせていただきたく存じます。この分野の設計は、特別な知識と経験が必要であり、勝野課長補佐以外の人間では解決できないと部長、課長から言われております。

②相手の気持ちに訴求する

一緒にご検討いただけることで、昨年からの懸案であるセンダイ（株）のシステム導入もスムーズに進み、部長も喜ぶことと思います。この案件は、社長が強く実現を希望している案件であり、会社にとっての最重要案件です。成功すれば、社内で高く評価されるはずです。

③メリットに訴求する

このような事情により、ぜひ次回のミーティングからご参加いただけますようお願いします。なお、詳しい資料・方針については、別途お話させていただきます。

まとめ

①協力してほしい理由を書く

難しくて進捗がかんばしくないシステム設計について「部長から指示されている」「経験豊富な勝野課長補佐でないとできない」という理由が明記され、「なぜ協力をしないといけないか」が明確になっており、納得感が増します。

②相手の気持ちに訴求する

「この分野の設計は、特別な知識と経験が必要であり、勝野課長補佐以外の人間では解決できないと部長、課長から言われております。」と書くことで「自分しかできないならしょうがないか」という気持ちに訴求しています。

③メリットに訴求する

「部長からの評価に影響する」との印象を与えた結果、評価というメリット、「協力しないと部長の印象が悪くなる」というデメリットを提示しています。これが「協力したほうがトク」という状況につながります。

6-2 後輩や部下をほめてやる気にさせる
指導メール・文書

行動をほめる。どこがよかったか具体的に

Before 修正前

件名：先日の提案商談の件

富岡主任

第３営業課長　角田です。

この前のプレゼンは素晴らしかったと思います。この調子で仕事をしてもらえると、よい結果につながると思います。 ①

いつもよいプレゼンをすることが、富岡主任の長所だと思います。これからも、よく考え、相手に受け入れられるプレゼンをお願いします。 ②

今回は、本当によいプレゼンでした。 ③

ここを押さえよう！

仕事を円滑に進めていくためには、「ほめる」ことが重要です。部下などの目下の者だけでなく、上司や顧客、取引先などの自分より立場が上の人間たちにも有効なので積極的にほめるべきです。

ただし、ほめ方を間違えると、逆効果になるので注意しましょう。

よいほめ方とは、「なぜよかったのか」を具体的にほめることです。反対に効果が薄いのは「君は優秀だね」「いつも頑張っているね」という具体的でないほめ方です。

このようなほめ方は最初のうちはうれしいのですが、そのうち「いつも一緒のことしか言われない。正しく評価されているのか？」と疑心暗鬼になってしまうことがあります。

このように、人をほめるには、次の内容を含める必要があります。

ほめるときに必要な項目

①具体的にほめる

②なぜよかったのかの理由

③期待の言葉

①具体的にほめる

> この前のプレゼンは素晴らしかったと思います。この調子で仕事をしてもらえると、よい結果につながると思います。

ほめる内容は具体的に書くことが有効ですが、この例では「素晴らしかった」だけで、具体的にほめていません。

これでは、ほめられたほうも何がよかったのかわかりません。「あの行動がよかった」「あの説明がよかった」「あの質問がよかった」「あのプレゼンのあの部分がよかった」など、具体的にほめましょう。

②なぜよかったのかの理由

> いつもよいプレゼンをすることが、富岡主任の長所だと思います。これからも、よく考え、相手に受け入れられるプレゼンをお願いします。

ほめるときは、「なぜよかったのか」「どうしてよかったか」の「理由」を伝えることが重要です。

しかしこの文章ではよかった理由が書かれていません。

③期待の言葉

> 今回は、本当によいプレゼンでした。

人は期待されるとうれしいものですが、この文章では期待していることを示す表現はありません。

期待していると、その通りに行動するようになることを、心理学の分野では「ピグマリオン効果」と言います。期待していると言い続けると、勉強をしたり、情報を集めたり、部下の行動が変化する可能性が出てきます。

After　修正後

> 件名：先日の提案商談の件
>
> 富岡主任

第3営業課長　角田です。

この前のプレゼンは素晴らしかったと思います。説明の進め方、文書の説得力が秀逸でした。先方の表情を見ていたら引き込まれ方が全然違いました。

①ほめる内容は具体的に

それは、富岡主任の考えた先方のニーズが的中していたということだと思います。

②「なぜよかったのか」の理由を書く

いつも、富岡主任の考えること、行動には感心します。今後もいろいろなことを考え、皆に刺激を与えてください。楽しみにしています。これからも頑張ってください。

③「期待している」ことを書く

まとめ

①ほめる内容は具体的に

ほめるときは、具体的にほめるのが効果的です。また、第三者(顧客など)の意見を使ってほめることも有効です。

②「なぜよかったのか」の理由を書く

ほめられた理由を伝えられると、ほめられた側は、自分の考えたことが正しいと評価されたと感じ、次回からもよい考えを出そうと工夫します。

③「期待している」ことを書く

人は期待されるとうれしくなり、期待されていることを実現しようとします。これをピグマリオン効果と呼びます。

6-3 感謝の気持ちを伝える
お礼メール・文書

感謝を示し、「また協力したい」と思ってもらう

Before 修正前

件名：お礼の件

システムデザイン（株）　豊田様

いつもお世話になっております。日本東京システム　小池です。

先日は、私どもにデータサイエンティストの西山様をご紹介いただきありがとうございました。 ①

当方ではデータ分析業務のノウハウが不足しており、困っておりましたので大変助かりました。 ②

今後ともよろしくお願いいたします。 ③

ここを押さえよう！

お礼文章で大事なのは、「また協力したい」「また、役に立ちたい」と思ってもらえる内容を書くことです。このためには、単に「ありがとうございます」「助かりました」「今後ともよろしくお願いします」

といった一般表現では不十分です。

「何が、助かったのか」「どのように役に立ったか」を具体的に表現した上で、さらに感謝、感激を言葉にする必要があります。

したがって、お礼文章では、次の項目を含めて書く必要があります。

お礼に必要な項目

①感謝の気持ち（丁寧に書く）
②助かった内容（具体的に書く）
③また協力したいと思うような表現

①感謝の気持ち（丁寧に書く）

> 先日は、私どもにデータサイエンティストの西山様をご紹介いただきありがとうございました。

この表現では、感謝の気持ちが伝わってきません。このような文章だと次回から人を紹介してくれなくなる可能性があります。

②助かった内容（具体的に書く）

> 当方ではデータ分析業務のノウハウが不足しており、困っておりましたので大変助かりました。

これだけでは、読み手に感謝が正しく伝わるか疑問です。感謝を伝えるときは、大げさに伝えるくらいがよいのです。会社にどんなノウハウが不足していて、何を必要としていたのかなど、助かった、役に立った内容を具体的に書きます。

③また協力したいと思うような表現

今後ともよろしくお願いいたします。

お礼の文章では、「協力したい」と相手に思われる表現が必要です。しかしこの文章にはそれがありません。これでは「協力しよう」という気持ちがなくなってしまいます。

協力いただいているので、会社は新しいことに挑戦できている、問題解決ができているなど、助かった内容を明確に主張して感謝の気持ちを伝える必要があります。

After 修正後

件名：西山様ご紹介のお礼

システムデザイン（株） 豊田様

いつもお世話になっております。日本東京システム　小池です。

先日は、私どもにデータサイエンティストの西山様をご紹介いただきありがとうございました。

当方はデータ分析ノウハウを持つデータサイエンティスト育成を行っていく計画としており、その検討をするための人を探しておりましたので本当に助かりました。

②助かった内容を具体的に書く

いつも、豊田様からご紹介いただくときは優秀な方が多いので、本当に助かります。

③「また協力したい」と思わせる内容を書く

弊社も貴社にお返ししなくてはと思いつつもあまり何もできずお恥ずかしいかぎりです。
機会を見て、西山様との提携は差し支えない範囲でフィードバックさせていただきます。本当にありがとうございました。今後ともよろしくお願いいたします。

①感謝の気持ちを丁寧に書く

まとめ

①感謝の気持ちを丁寧に書く
相手に伝わるよう、感謝の気持ちは丁寧に書きます。

②助かった内容を具体的に書く
どのように助かったのかを具体的に書きます。

③「また協力したい」と思わせる内容を書く
「次回からも協力しよう」と思える内容を書きます。相手をほめる言葉が有効です。

6-4 仕事の指示をする
作業指示

「誰に、何を、いつまでに」を明確に書く

Before 修正前

件名：南海商事様向けシステム提案資料作成の件

大友さん　徳田（システム営業３課長）です。

至急、南海商事向けのシステム提案資料を作成してください。 ―①

・提案システムは、決裁書ワークフローシステム。
・システムの訴求ポイントはわかりやすく書くこと。図をたくさん入れてください。 ―②
・できるだけ早く完了してください。お願いします。 ―③

ここを押さえよう！

ビジネスは1人では仕事を完了することが難しく、多くの人との協業が前提になっています。

そこで重要になるのは、仕事を人に、どのように指示するかを考えることです。

指示はできるだけ具体的に、明確にすることが基本です。したがって指示をするための文章には、次の項目が必要です。

作業指示に必要な項目

①仕事の目的や背景

②具体的な指示

③締め切りとその後の段取り

①仕事の目的や背景

至急、南海商事向けのシステム提案資料を作成してください。

仕事の指示をするときは、目的や背景を必ず書きます。それらを明確に書くことで、指示を受ける側が、仕事の内容を正しく理解できるからです。誰が指示している仕事なのか、どのような背景で指示されているのか、何をゴールにするのかなど、仕事の全体像がわかるように記載します。

②具体的な指示

・提案システムは、決裁書ワークフローシステム。
・システムの訴求ポイントはわかりやすく書くこと。図をたくさん入れてください。

指示内容はできるだけ具体的に書きます。そのほうが、仕事のイメージがぶれなくて済みます。簡単な指示しかしていないと、完成物がイメージと異なってやり直しになり、非効率的になってしまいます。

③締め切りとその後の段取り

・できるだけ早く完了してください。お願いします。

締め切りを明確に書きます。そうでないと、いつまでに終わらせる必要があるのかわかりません。

締め切りとその後の流れを書いておかないと、指示された側は仕事の全体像をイメージできなくなります。

After 修正後

件名：南海商事様向けシステム提案資料作成の件

大友さん

徳田（システム営業３課長）です。
至急、南海商事向けのシステム提案資料を以下の内容を考慮して作成してください。

1. 目的
部長より「予算達成のため、南海商事へのシステム納入をなんとか実施したい」との話があり、提案を指示されました。
（前回先方を訪問したときの議事録がファイルにとじてあるので、参照してください）

①仕事の目的や背景を明確に

2. 作成の方向性

以前、兵庫商事に提案したものをベースとします。（同じ業種で似ているため）これを商品部分のみ変更して持っていきます。　②具体的な指示を書く

・提案システムは、決裁書ワークフローシステム。
・システムの訴求ポイントはわかりやすく書くこと。図をたくさん入れてください。

3. 締め切りとその後の段取り
・明日の10：00までに完了ください。その後、私が確認します。
・その場で発生した修正を反映して、14：00に私と大友さん、部長で先方に行きます。私が説明するので、大友さんは議事をメモしてください。　③締め切りとその後の段取りを書く

まとめ

①仕事の目的や背景を明確に
目的や背景を書くことで、指示を受ける側が、仕事の内容を正しく理解できます。関係する過去資料なども参照し、理解が深まるようにします。

②具体的な指示を書く
指示内容はできるだけ具体的に書きます。

③締め切りとその後の段取りを書く
締め切り日時や今後の予定を書いておくことで、指示を受ける側に今度の仕事の段取りを明確にイメージさせます。

6-5 同じ目的・考えの仲間を増やす
協業誘いメール・文書

自分の目的や考えを伝え、一緒にやるメリットを訴求する

Before 修正前

件名：一緒にDXを勉強しませんか

各位

DX推進室　山野です。

最近はやっているデジタルトランスフォーメーション（DX）について勉強会をやろうと思います。 ①

具体的には、若手・中堅の社員を集め、ビジネススキルやDXをテーマにするつもりです。

勉強会は当面月1回で社外の講師をお呼びして話を聞き、その後ディスカッションをしようと思います。懇親会を実施してもよいと思います。 ②

趣旨賛同いただき、多くの方の参加をお待ちいたしております。 ③

ここを押さえよう！

仕事では、仲間が多いほうが成功の可能性は高くなります。社内の

関係部門に仲間がいれば、社内の情報も入ってきますし、新しい企画を社内に通す際にも仲間に根回しをしておき、それぞれの上司を説得してもらうようなことも可能です。

仲間を作るためには、同じ目的や考え方を共有するようなことが必要です。

方法として有効なのは、社内の課題を解決するための勉強会などから始めることです。

一緒に勉強し、議論をしていく過程で、仲間意識が強くなり、それは強い社内人脈になります。

しかし、予想以上に多くの時間をとられるなど、あまりにも負担感があると上手くいかないことが多いため、負担がどれくらいかなどを伝えることが必要です。

このような仲間を増やすための文章では、次の項目を含めるとよいでしょう。

仲間を増やすために必要な項目

①何をしたいのか（目的・考え）

②仲間になるメリット

③負担の度合い

①何をしたいのか（目的・考え）

> 最近はやっているデジタルトランスフォーメーション（DX）について勉強会をやろうと思います。

何の目的でどう考えて勉強会をするのか書かれていないので、仲間になるべきか、そうでないのかがわかりません。

「会社の将来のために勉強会をやろう」などと目的、考えを明確に伝えましょう。

②仲間になるメリット

> 勉強会は当面月1回で社外の講師をお呼びして話を聞き、その後ディスカッションをしようと思います。懇親会を実施してもよいと思います。

勉強会に参加することで何が得られるのか、メリットは何かを伝えたほうが訴求できます。

知識が増える、人脈が増える、社内で評価されやすくなるなどを書く必要があります。

③負担の度合い

> 趣旨賛同いただき、多くの方の参加をお待ちいたしております。

負担の度合いがどれくらいなのか、毎回準備が必要なのか、レポート提出などがあるかなどを書いておかないと参加する人はためらってしまいます。

After 修正後

件名：一緒にDXを勉強しませんか

各位

DX推進室　山野です。

最近世の中ではデジタル技術を使ってビジネスを変えて競争に勝っていくデジタルトランスフォーメーション（DX）の動きが加速しています。

当社もこれまでの常識では生き残っていけないと強い問題意識を持っています。

そこで、若手・中堅の社員を集め、ビジネススキルやDXをテーマとして学ぶための勉強会を実施し、皆さまと一緒に当社の将来を考えていきたいと思っています。

勉強会は当面月1回で社外の講師をお呼びして話を聞き、その後ディスカッションをしようと思います。懇親会を実施してもよいと思います。

①何をしたいのか目的・考えを書く

私は、コンサルティング会社に出向していた経緯もあり、社外に多くの知人・友人がおりその方に講師をお願いできるので、皆さまにも紹介したいと思います。

社外から見た当社や社外の人がどのように考えて仕事をしているかを聞くことも、刺激になって面白いと思います。

②仲間になるとメリットがあることを書く

1回あたり40分程度、業務時間内に実施するなど参加者の負担は極力なくそうと思いますので、気軽に参加していただきたいと思います。

③負担の度合いを書く

趣旨賛同いただき、多くの方の参加をお待ちいたしております。

まとめ

①何をしたいのか目的・考えを書く

仲間になってもらうためには、自分の目的や考えを明確に伝える必要があります。目的があいまい、思想がない人の仲間になろうとする人はいません。

②仲間になるとメリットがあることを書く

人脈があるので紹介できる、新しい知識が得られるなど、仲間になるメリットを明確に書きましょう。

③負担の度合いを書く

仲間になりたいと思っても、負担が多いとためらってしまいます。どのくらいの負担になるのかを書いておくとよいでしょう。

6-6 練習問題
作業指示書を書いてみよう

用意された情報をもとに、作業指示書を書いてみましょう。

文章の前提事項

○作業指示者　：大里さん（システムプランニング＝システム開発会社・営業課長）
○指示先　：立花さん（システムプランニング・営業課担当者）
○指示内容　：福岡勧業銀行向けネットバンクシステムで使う顧客用スマホアプリの提案書作成
○条件　：A4サイズ1枚程度の分量に抑える
○提案依頼書内容：以下の内容を取捨選択してまとめる

作業指示書に必要な情報

○大里さんが福岡勧業銀行に情報収集のための定期訪問をしたところ、同銀行営業企画部の山城部長より「ネットバンクで使うスマホアプリを開発できないか」との話があり、提案を依頼された。（訪問録に詳細内容の記載あり）
○提案書は、過去に関東銀行向けに提案したものをベースにする。ただし、以下の点は異なる。

<異なる点>

①顧客の個人情報入力は免許証のスマホ写真で自動入力する機能を提案したい。これは、過去に四つ葉銀行に提案したものと同じパターンである。

②顧客の利用ポイント蓄積機能付き（ポイントをためて電子マネーに変換できる）を提案したい。これは過去に大阪中央銀行に提案したものと同じパターンである。

③上記２つの機能の評判を訴求して書く。顧客アンケートと２つの銀行担当者のアンケート結果をグラフで付けて、評価が高いことを訴求する。

○来週の月曜日10：00までに提案書を完成させる。その後、大里さんが確認。その場で発生した修正を反映して、水曜日の14：00に立花さん、大里さんで先方の山城部長に提案。

○大里さんが説明し、立花さんが議事メモを書く。提案書は事前に社内関係者に立花さんがメールで連携。

6-7 練習問題の解説と作成例

解説

作業指示書には、仕事（作業）の目的、方針、方向性、締め切り、その後の段取りなどを書きます。特に、目的と方針、方向性はしっかり書きましょう。これがあいまいだと思った結果にならず、やり直しが発生し、時間もなくなります。

①仕事（作業）の背景、目的

提示された情報から抜き出し、仕事の目的、誰からの仕事かなどを書きます。

②仕事（作業）の方針、方向性

提示された情報から抜き出し、どのような仕事をしてほしいのかを書きます。過去に類似した仕事のアウトプットがあれば、それを提示して似たようにしてほしいなどと書くと、仕事を受けた側のイメージが付きやすくなります。

③締め切り、その後の段取り

提示された情報から抜き出し、締め切りやその後の流れ（段取り）を書きます。仕事の進み方がわかるほうが、仕事を受けた側は安心できるからです。

作成例

作業指示書

件名：福岡勧業銀行向けスマホアプリ提案書作成の件

立花さん

大里です。福岡勧業銀行向けのシステム提案書を以下の内容を考慮して作成してください。

1. 提案の背景、目的

福岡勧業銀行に情報収集のための定期訪問をしたところ、営業企画部の山城部長より「ネットバンクで使うスマホアプリを開発できないか」との話があり、提案を依頼された。（詳細は訪問録を参照のこと）

2. 提案書作成の方向性

過去に関東銀行向けに提案したものをベースとするが、以下を変える。

①顧客の個人情報入力は免許証のスマホ写真で自動入力する機能を提案
　⇒四つ葉銀行と同じパターン

②顧客の利用ポイント蓄積機能付き
　（ポイントをためて電子マネーに変換できる）
　⇒大阪中央銀行と同じパターン

③上記2つの機能の評判を訴求して書く
　⇒顧客アンケートと2つの銀行担当者のアンケート結果をグラフで付けて、評価が高いことを訴求

3. 締め切りとその後の段取り

来週の月曜日10：00までに完成のこと。その後、私が確認。その場で発生した修正を反映して、水曜日の14：00に立花さん、私で先方の山城部長に提案。私が説明するので、立花さんには議事メモを依頼します。また、提案書は事前に社内関係者にメールで連携しておいてください。

あとがき

私がビジネススキルを教える教育コンサルタントとして、ビジネス文章に関する教育を始めたのは、2000年のことでした。企業の情報システム部門でシステム企画やプロジェクトマネジメントの実務を行うかたわら、当時普及しはじめたインターネットを使ってITエンジニア向けの国家試験の論文対策サイトを立ち上げ、Web上でのオンライン添削や論文の書き方コンテンツを発信しました。

その後、通信講座で論文添削をしたり、ビジネス文章の書き方に関する連載記事や書籍の執筆、セミナーを実施するようになり、これまで20年間にわたってITエンジニアの「ビジネス文章スキル」をじっくり見てきました。

では、この20年の間で、ITエンジニアのビジネス文章スキルはどう変わったと思いますか？

確かに、文章を書くツールは変化しました。多くの場合、ワープロで書いて紙に印刷して配布するかたちからメールへと変わっています。そして現在ではSlackのようなチャット型メッセージ交換ツールも使われるようになり、ITエンジニアが利用する文章環境は便利になったと思います。しかし、文章の中身自体はどうでしょうか？

私の感覚では、文章自体は20年前とあまり変わらず、文章スキルの低いITエンジニアが多々見受けられます。「自分しかわからない言葉を使う」「文章が長くて意味がわかりにくい」「結論がない」「抽象的で具体的なことがわからない」「文章の前後で言っている論調が違う」「主張をしているが、根拠がない」「独りよがり」……このような事例は枚挙にいとまがありません。

しかし、それではいけないと思い、機会を見つけては、ITエンジニアに対して文章の指導を行ってきました。最も頻繁に指導を受けたのは、私が所属する会社の部下やその後輩たちでしょう。私がチェックした彼・彼女らの書いた文章は、修正案やアドバイスの赤字で真っ赤になりますが、そんなことを1年くらい続けていると、コツを覚えてしまい、「よい文章」が書けるようになります。

結局、人のスキルを向上させるのは、たゆまざる訓練である、と言えるでしょう。

ビジネス文章に真摯に向き合い、よい文章とは何かを考えて書いてみる。それを他人に見せて意見を言ってもらい直す。

この繰り返しです。本書は、こういった文章との格闘に勝つための指南書を目指して書き上げたものです。私の20年に及ぶビジネス文章の研究、実践で得たよい文章を書くコツを詰め込んでいます。

本書を読んでいただいた皆さま、ぜひ、文章を書くことについて、たゆまざる訓練を続けてください。毎日5分でもよいので、本書を読み返しながら、例題を考え、練習問題を自分で解いてみてください。そういった地道な努力を繰り返すことで、少しずつ成果が見えるようになるはずです。

芦屋 広太

索引

著者紹介

芦屋 広太（あしや こうた）

企業のIT部門で部長職としてシステム企画やプロジェクトマネジメント実務を行いながら、ビジネススキルを指導する教育コンサルタント。実務で得た知見やノウハウを体系化し、現場での教育、雑誌・書籍での発表、セミナー・研修に利用する活動を行い、『日経コンピュータ』で9年にわたってビジネススキル連載を行っている。

著書に『社内政治力』（フォレスト出版）、『ビジネス文章クリニック』（日経BP）、『「たった一行」で思いどおりに仕事を動かすメールの書き方・返し方』（インプレス）、『あの人はなぜいつも成功するのか』（日経BP）、『話し過ぎない技術』（毎日コミュニケーションズ／現・マイナビ）、『Dr.芦屋のSE診断クリニック』（翔泳社）などがある。

装丁& 本文デザイン　石垣由梨（Isshiki）
DTP　Isshiki

エンジニアのための文章術 再入門講座 新版
状況別にすぐ効く！ 文書・文章作成の実践テクニック

2020年4月23日 初版第1刷発行

著　者　芦屋 広太（あしや こうた）
発行人　佐々木 幹夫
発行所　株式会社 翔泳社（https://www.shoeisha.co.jp）
印　刷　昭和情報プロセス株式会社
製　本　株式会社 国宝社

ISBN 978-4-7981-6425-0　Printed in Japan